中国检疫象虫图鉴

Iconography of Quarantine Weevils in China

张润志 任 立 著

ZHANG Runzhi & REN Li

科学出版社

北京

内 容 简 介

象虫总科是昆虫纲鞘翅目中最大的一个类群,也是我国检验检疫工作中截获频次高、鉴定比较困难的一个类群。作者与世界各地的博物馆交换了《中华人民共和国进境植物检疫性有害生物名录》中列出的象虫总科昆虫(不包括小蠹)的准确定名标本,共收集到该名录所涉及的 21 属 53 种象虫。同时还广泛收集了这些物种的形态学、生物学等方面的文献资料,编制了分属检索表,并且给出了各个属的介绍及部分属近似种的分种检索表。对于书中的每个物种,除了给出该物种的学名、异名、英文名、分类地位、分布、寄主信息、危害情况、形态特征、生物学信息、传播途径及检验检疫方法等信息之外,还给出了该物种的背面观、侧面观及各个重要结构的照片。

本书可供从事口岸检疫的一线工作人员,生物入侵研究、生物多样性保护及其他相关研究工作者参考使用。

图书在版编目(CIP)数据

中国检疫象虫图鉴 / 张润志,任立著. —北京:科学出版社,2020.3
ISBN 978-7-03-063273-9

Ⅰ.①中… Ⅱ.①张… ②任… Ⅲ.①植物检疫‐象虫总科‐图集
Ⅳ.① S433.5-64

中国版本图书馆 CIP 数据核字(2019)第 249282 号

责任编辑:马 俊 李 迪 孙 青 / 责任校对:郑金红
责任印制:肖 兴 / 封面设计:金舵手世纪

斜 学 出 版 社 出版

北京东黄城根北街 16 号
邮政编码:100717
http://www.sciencep.com

北京汇瑞嘉合文化发展有限公司 印刷
科学出版社发行 各地新华书店经销
*
2020 年 3 月第 一 版 开本:787×1092 1/16
2020 年 3 月第一次印刷 印张:10 1/2
字数:248 000
定价:158.00 元
(如有印装质量问题,我社负责调换)

作者简介

张润志 男，1965 年 6 月出生。中国科学院动物研究所研究员、博士生导师。1996 年获中国科学院昆虫学博士学位。2005 年获得国家杰出青年基金项目资助，2006 年入选新世纪百千万人才工程国家级人选，2011 年获得中国科学院杰出科技成就奖。目前担任国家生物安全专家委员会委员、《中国科学》等编委。主要从事鞘翅目象虫总科系统分类学研究以及外来入侵昆虫的鉴定、预警、检疫与综合治理技术研究。先后主持国家科技支撑项目、中国科学院知识创新重大项目、国家自然科学基金重点项目等。独立或与他人合作发表萧氏松茎象 *Hylobitelus xiaoi* Zhang 等新物种 128 种，获国家科技进步奖二等奖 3 项（其中 2 项为第一完成人，1 项为第二完成人），发表论文 200 余篇（其中 SCI 收录 70 余篇），专著、译著等 13 部；授权发明和实用新型专利 3 项。

任立 女，1974 年 4 月出生。中国科学院动物研究所助理研究员。2008 年获中国科学院昆虫学博士学位。2005～2006 年在西班牙国家自然科学博物馆执行中国科学院博士研究生赴外研修项目；2009 年 7 月赴俄罗斯科学院动物所等 3 个单位进行中俄象虫分类合作研究；2013 年 3 月至 9 月赴英国自然历史博物馆，开展访问学者项目研究。主要从事鞘翅目象虫总科系统分类学研究及外来入侵象虫的鉴定工作。先后主持国家自然科学基金面上项目、中国科学院创新工程重大项目子课题等。发表论文 60 余篇（其中 SCI 收录 10 余篇），专著、译著等 4 部；获得国家科技进步二等奖 1 项（第九完成人）；参与编写《古北区鞘翅名录第八卷》（*Catalogue of Palaearctic Coleoptera*，Vol.8）及《古北区鞘翅目象虫总科合作名录》（*Cooperative Catalogue Of Palaearctic Coleoptera Curculionoidea*）；发现了象虫总科中的中国新记录科——矛象科 Nemonychidae 的中国新记录种 *Cimberis attelaboides*（Fabricius）。

前　言
PREFACE

随着我国经济持续高速发展，对外贸易量不断增大，每年进出口货物量迅猛增加，再加上国际旅游业不断升温，我国接待外国游客数量以及我国游客出行的数量也逐年上升。通过货物夹带、旅客行李和交通工具携带外来生物的可能性均大幅度增加，也为外来生物入侵我国提供了更多的机会。植物检疫是依法防止有害生物的人为传播、保护农林业的安全、促进农林产品国际贸易、保障国家生态安全的重要措施。而我国口岸截获检疫性有害生物数量和种类均呈逐年大幅度提升，有害生物对我国的威胁越来越大，对我国的检验检疫工作也是一个严峻的挑战。例如，仅 2017 年一年，我国进境植物检疫截获有害生物共 103 万种次，其中货检截获最多，占 75%，其次是运输工具检疫，占 11%，其余 4 种检疫方式（旅检、集装箱检疫、木包装检疫和邮检）共占 14%。在这些截获的有害生物当中，昆虫占到了 1/3。

象虫总科是昆虫纲鞘翅目中最大的一个类群，目前已记述种类有 5800 余属 62 000 多种。象虫总科昆虫也是我国检验检疫工作中一个比较困难的类群，主要是因为研究基础薄弱、物种鉴定困难，但是截获的频次高。例如，为害杧果的杧果象属世界已记述 3 种，在《中华人民共和国进境植物检疫性有害生物名录》（以下简称《名录》）中是对其整个属进行检疫。在 2003~2017 年中，全国口岸共截获杧果象属昆虫 5424 种次，其中通过旅检从旅客携带的杧果里检出的达到了 5019 种次，占总截获数的 93%，并且有逐年增多的趋势。但是同样也是在《名录》中列出的整个属检疫的鳄梨象属，世界已知的种类超过 1100 种，均为南北美洲分布，资料相对较少，鉴定难度很高。为了给全国各个口岸的检验检疫部门对截获的象虫总科昆虫的鉴定提供帮助，进一步提高其鉴定结果的准确性，同时尽可能地缩短鉴定时间，著者与世界各地博物馆大量交换准确定名标本，在尽可能全地收集每个物种的相关文献资料的基础上，撰写了本书。

本书在与世界各地的博物馆交换《名录》中列出的象虫总科（不包括小蠹）所涉及的 21 属中的 53 种象虫的准确定名标本的基础上，广泛收集了每个物种的形态学、生物学等方面的文献资料，编制了分属检索表，并且给出了各属的介绍及部分属近似种的分种检索表。对于书中的每个物种，给出了学名、异名、英文名、分类地位、分布、寄主、危害情况、形态特征、生物学特征、传播途径及检验检疫方法等方面的信息，同时给出了该种的背面观、侧面观及各个重要结构的照片。期望通过尽可能详细的信息和照片，为使用者提供便利。

本书的撰写得到了中国科学院战略性先导科技专项（A 类）资助（XDA19050204）、国家自然科学基金项目（30525039、31210103909）和国家科技支撑计划课题（2015BAD08B03）的资助。在标本交换的过程中，得到了澳大利亚联邦工业组织国家昆虫博物馆、德国德累斯顿动物博物馆、俄罗斯科学院动物研究所标本馆、美国象虫分类学家 Charles O'Brien 教授（私人收藏）、西班牙国家自然科学博物馆、英国自然历史博物馆等世界各地博物馆的大力支持和帮助，在此一并列出表示感谢。同时，著者对以下同志、同行在本书的撰写过程中做出的贡献表示诚挚的感谢：照片的拍摄和整理得到了黄鑫磊、王志良、贺旭、姜春燕、刘宁等人的帮助，文献资料的收集和整理得到了李娴、黄俊浩、Boris A. Korotyaev 教授、Charles O'Brien 教授、Christopher H. C. Lyal 教授、Miguel A. Alonso-Zarazaga 教授、Rolf G. Oberprieler 教授等的帮助和支持。

在撰写的过程中，也得到了海关总署动植物检疫司及所属海关技术中心、农业农村部种植业管理司和全国农业技术推广服务中心、国家林业和草原局、生态环境部等单位的领导、同事的关心、支持和帮助，并提出了很多宝贵的指导意见，在此表示感谢。

由于时间有限，能够获得的准确定名标本的数量有限，书中难免有信息遗漏和不妥之处，欢迎广大读者不吝赐教、批评指正。

著　者

2019 年 4 月

目 录 CONTENTS

中国检疫性象虫概况

象虫总科（Curculionoidea）是昆虫纲鞘翅目中最大的一个类群，目前已记述种类达到5800余属62 000多种。象虫不同种类间体型大小差异很大，体壁骨化强，体表多被鳞片；喙通常显著，由额部向前延伸而成，多无上唇；触角多为11节，膝状或非膝状，分柄节、索节和棒节三部分，棒节多为3节组成；颚唇须退化，僵硬；外咽片消失，外咽缝常愈合成一条；鞘翅长，端部具翅坡，通常将臀板遮蔽；腿节棒状或膨大，胫节多弯曲；胫节端部背面多具钩；跗节5-5-5，第3节双叶状，第4节小，隐于其间；腹部可见腹板5节，第1节宽大，基部中央伸突于后足基节间。幼虫蛴螬型，上颚具发达的臼齿；无足和尾突；幼虫可以生活在土中以及植物的根、茎、枝、叶、花、果、种子等各个部分。

2007年5月28日出版、2017年6月更新的《中华人民共和国进境植物检疫性有害生物名录》（以下简称《名录》），收录了象虫总科中的昆虫共计28种属（不包括小蠹）。参照2014年最新出版的 *Handbook of Zoology，Coleoptera，Beetles*，vol. 3（《动物学手册鞘翅目甲虫第三卷》）的象虫总科分类系统，《名录》所包含的这些种类实际隶属于2科21属，其中卷象科（Attelabidae）3属4种，象虫科（Curculionidae）8亚科

18属。名录将鳄梨象属 *Conotrachelus*、木蠹象属 *Pissodes* 和杧果象属 *Sternochetus* 所有种类均列为了检疫对象。

本书对《名录》中包含的所有中国禁止进境检疫性象虫所涉及的21属编制了分属检索表，其中：卷象科3属（塔虎象属 *Tatianaerhynchites*、文象属 *Involvulus* 和虎象属 *Rhynchites*），象虫科包括8亚科18属，分别为短角象亚科 Brachycerinae 1属（稻水象属 *Lissorhoptrus*）、尖胸象亚科 Conoderinae 2属（瓜船象属 *Acythopeus*、葡萄象属 *Craponius*）、朽木象亚科 Cossoninae 1属（阔喙谷象属 *Caulophilus*）、象虫亚科 Curculioninae 2属（花象属 *Anthonomus*、象虫属 *Curculio*）、孢喙象亚科 Cyclominae 1属（茎象属 *Listronotus*）、隐颏象亚科 Dryophthorinae 3属（甘蔗象属 *Rhabdoscelus*、棕榈象属 *Rhynchophorus*、杯象属 *Scyphophorus*）、粗喙象亚科 Entiminae 3属（非耳象属 *Diaprepes*、桉象属 *Gonipterus*、艇象属 *Naupactus*）、魔喙象亚科 Molytinae 5属（鳄梨象属 *Conotrachelus*、隐喙象属 *Cryptorhynchus*、树皮象属 *Hylobius*、木蠹象属 *Pissodes*、杧果象属 *Sternochetus*）。

《名录》中列出的整个属检疫的3个属（鳄梨象属、木蠹象属和杧果象属）均隶属

于魔喙象亚科。其中，鳄梨象属种类最多，目前世界记述种类已经超过了 1100 种，包括多种重要害虫，且很多种类外部形态十分相近。对于物种数量如此之多的、整个属都需要进行检疫的类群，无疑给物种鉴定带来了极大的难度。著者通过和国外各个博物馆联系，交换了该属 14 种重要害虫的定名标本，如楂梓象 *Conotrachelus crataegi* Walsh、李象 *Conotrachelus nenuphar*（Herbst）等。杧果象属是种类最少的 1 个属，世界已知种类 3 种，中国已知 2 种，但是由于其危害严重、隐蔽性强、人为传播的可能性高，因此 3 种均为《名录》中禁止进境的种类。据统计，2003～2017 年，全国口岸共截获杧果象属昆虫 5424 种次，其中通过旅检从旅客携带的杧果里检出的达到了 5019 种次，占总截获数的 93%，仅 2017 年通过旅客携带的杧果里就截获了 660 种次，并且有逐年增多的趋势。从以上数据可见，海关检疫部门面临的挑战是相当严峻的。木蠹象属世界已知种类虽然只有 48 种，但是很多种类都是为害松科植物的重要害虫，为害的寄主植物都是重要的木材、绿化树和观赏植物，且幼虫大部分在树干内部为害，检出、鉴定相对困难。本书包括了木蠹象属 12 种重要害虫，9 种主要分布于欧亚大陆，其中 4 种在中国有分布记录，3 种主要分布于北美洲，包括在北美洲造成严重经济损失的白松木蠹象 *Pissodes strobi*（Peck）等。

昆虫学名的正确使用，对于检疫工作是十分重要的。错误的名称往往会导致用于鉴定的鉴别特征不正确，从而直接造成鉴定结果不正确，给检疫工作带来不必要的损失。因此，除了能够正确区分并掌握某一昆虫有效名之外，也不能忽视异名的作用。通常对那些具有潜在入侵危险的害虫的研究工作开展得比较多，而由于某些类群的分类学工作尚不十分完善，往往就会出现很多的同物异名。著者在 2010 年，就对《名录》中所包含的李虎象 *Rhynchites cupreus*（Linnaeus）和西瓜船象 *Baris granulipennis*（Tournier）的分类地位及学名变更历史进行了研究并发表了文章，这两种象虫的正确学名应该分别为 *Involvulus cupreus*（Linnaeus）和 *Acythopeus granulipennis*（Tournier）。物种的学名变更过程在此不占用篇幅赘述。在检疫鉴定过程中，做到鉴定准确并能够正确使用名称，对于满足世界各个国家的检疫要求并避免受到贸易通关阻碍，是非常重要的。因此，在本书撰写的过程中，著者对《名录》中包含的每种象虫的学名、异名都进行了认真的查找核对，尽可能全地给出了每个物种的所有异名，以确保其准确性、完整性。

我国检疫性有害生物的鉴定，特别是检疫性象虫的鉴定工作已经成为影响我国进口贸易和保护国家安全的重要问题。本书的撰写目的就是从《名录》中包含的检疫性象虫入手，尽可能多地涵盖相近类群，为国家检疫部门提供科学、实用、简便的检疫性有害生物鉴定工具和科学依据。

中国检疫性象虫分属检索表

1. 触角不呈膝状，触角棒明显为 3 节；上颚外缘多有齿，腹板 1～2 愈合，或上颚外缘无齿，腹板 1～4 愈合；体壁通常光滑、发亮、不被覆鳞片 ⋯⋯⋯⋯⋯⋯⋯⋯⋯⋯⋯⋯⋯⋯⋯⋯⋯⋯⋯⋯⋯⋯⋯⋯⋯ 2

  触角几乎全为膝状，触角棒节各节密实；上颚外缘无齿，腹板 1～2 愈合；体壁大都被覆鳞片 ⋯⋯ 4

2. 鞘翅基部在小盾片后鞘翅缝两侧无短的小盾片刻点行 ⋯⋯⋯⋯⋯⋯⋯⋯⋯⋯⋯⋯⋯⋯⋯⋯⋯⋯ 3

  鞘翅基部在小盾片后鞘翅缝两侧具短的小盾片刻点行，刻点小且清楚；体壁红棕色，具铜色反光，体表被覆直立、深色刚毛；鞘翅行间 9 和 10 在鞘翅中部汇合；触角着生于喙的近中部，触角棒较密实；眼较小，凸隆 ⋯⋯⋯⋯⋯⋯⋯⋯⋯⋯⋯⋯⋯⋯ **塔虎象属 *Tatianaerhynchites***

3. 鞘翅行纹明显，行间明显可见且可以与行纹区分开，行间的刻点小于行纹刻点；刻点周围不具毛被；雄性前胸两侧不具齿；鞘翅行间 9 和 10 在鞘翅近中部汇合 ⋯⋯⋯⋯ **文象属 *Involvulus***

  鞘翅行纹不明显，行间不十分清晰且不易与行纹区分，行间的刻点与行纹刻点一样大或近相等；部分刻点周围具毛被；体壁通常具铜色或紫色光泽，雄性前胸两侧通常具较弱的齿；鞘翅行间 9 和 10 在鞘翅近端部汇合 ⋯⋯⋯⋯⋯⋯⋯⋯⋯⋯⋯⋯⋯⋯ **虎象属 *Rhynchites***

4. 触角索节 4～6 节（索节 7 同棒节愈合在一起形成光泽的基部）；触角棒不分节，基部光泽无毛，明显区分于其他的触角棒；触角沟短，休止时，柄节不能完全收入触角沟内；前颏被遮蔽，从喙的腹面不可见；跗节 5 端部背叶及腹叶在爪间延伸 ⋯⋯⋯⋯⋯⋯⋯⋯⋯⋯⋯⋯ 5

  索节通常 7 节；触角棒通常卵圆形，多毛，并具有明显的节间环纹；触角沟通常长，休止时，柄节能完全收入触角沟内；前颏裸露，从喙的腹面观可见；跗爪叶缺失 ⋯⋯⋯⋯⋯⋯⋯ 7

5. 后胸前侧片很宽，长大约为宽的 2 倍，上缘、下缘近平行，向端部不缩狭；后胸后侧片相当大，与鞘翅相接的背缘长度与腹板 1 的侧缘长度几乎相等；触角棒节横向，宽大于长，侧缘基部明显分离，近三角形；触角索节 6 节；小盾片大，端部延长；鞘翅后臀板大面积外露；体型大，体长大于 25mm ⋯⋯⋯⋯⋯⋯⋯⋯⋯⋯⋯⋯ **棕榈象属 *Rhynchophorus***

  后胸前侧片窄，长为宽的 3 倍或更大；后胸后侧片不十分扩大，与鞘翅相接的背缘短于腹板 1 的侧缘；触角棒细长，长大于宽，侧缘基部近平行或略分离，近正方形或卵形；中到大型，体长大于 5mm 但小于 25mm ⋯⋯⋯⋯⋯⋯⋯⋯⋯⋯⋯⋯⋯⋯⋯⋯⋯⋯⋯⋯⋯⋯⋯⋯ 6

6. 触角棒端部呈斜截面状，端毛短，看似凹入光泽的区域，从侧面仅能看到一窄线，基部光滑的部分宽大于长或者长宽近相等；鞘翅行纹 10 完整，一直达到鞘翅端部；小盾片舌状，端部较尖，基部或近基部最宽；跗节 3 腹面的长刚毛集中分布于边缘，形成一个连续的边，其余地方光滑无毛；体型中到大型，体长 12～18mm ⋯⋯⋯⋯⋯ **杯象属 *Scyphophorus***

  触角棒端部不呈斜截面，端部被毛的部分梯形，基部光滑倒梯形且长大于宽；鞘翅行纹 10 短，不完整，向鞘翅端部未达后胸前侧片的后缘；小盾片柳叶状，较窄；跗节 3 腹面的刚毛均匀分布，覆盖整个腹面；体长大于 7mm ⋯⋯⋯⋯⋯⋯⋯⋯ **甘蔗象属 *Rhabdoscelus***

7. 喙短粗且通常较直，触角着生于喙端部，上颚外角有一可脱落的颚尖，脱落后留下一颚疤，前颏扩大，把下颚完全遮盖；或上颚外角不具颚疤，前颏略扩大但是仅部分遮蔽下颚，则触角柄节略短于或等于索节 1～3 节长度之和 ⋯⋯⋯⋯⋯⋯⋯⋯⋯⋯⋯⋯⋯⋯⋯⋯⋯⋯⋯⋯ 8

  喙通常细长而略弯，稀短粗，触角着生于喙的端部之后近中部，上颚外角无颚尖，前颏通常不扩大，不能遮蔽下颚 ⋯⋯⋯⋯⋯⋯⋯⋯⋯⋯⋯⋯⋯⋯⋯⋯⋯⋯⋯⋯⋯⋯⋯⋯ 10

8. 上颚外角具颚疤；触角柄节长于索节 1～3 节之和；鞘翅具肩或不具肩；前颏将下颚完全遮蔽 ⋯⋯⋯⋯⋯⋯⋯⋯⋯⋯⋯⋯⋯⋯⋯⋯⋯⋯⋯⋯⋯⋯⋯⋯⋯⋯⋯⋯⋯⋯⋯⋯⋯⋯⋯⋯⋯ 9

  上颚外角不具颚疤；触角柄节短于或等于索节 1～3 节之和；鞘翅具肩，鞘翅基部在鞘翅缝两侧具圆锥形隆起；前颏仅部分遮住下颚 ⋯⋯⋯⋯⋯⋯⋯⋯⋯⋯ **按象属 *Gonipterus***

9. 触角沟位于喙背面或背侧面，触角着生点后缘界限不清楚，触角柄节休止时不收入触角沟内，柄节通常超过眼；鞘翅肩发达，近方形；前胸前缘两侧眼叶不明显，但具一簇金色长纤毛；上颚不具鳞片；体长 13～18mm ···非耳象属 *Diaprepes*
触角沟位于喙侧面，触角柄节休止时收入触角沟内；鞘翅不具肩；前胸前缘两侧无眼叶，无纤毛；上颚被覆鳞片 ···艇象属 *Naupactus*

10. 体表鳞片密集，在鳞片之上具清漆一样的被覆物，或密被疏水鳞片；栖息环境为淡水；触角索节 6 节，触角棒基节光滑无毛，与其余具纤毛的部分几乎等长；喙短粗，几乎直；前胸背板具眼叶；中足胫节侧扁，外缘弧形，内外缘均具长刚毛，较密集；跗节 3 不扩大，通常不宽于跗节 2，跗节 5 短于其余跗节之和，爪离生 ·······················稻水象属 *Lissorhoptrus*
体表鳞片有或无，不具清漆一样的被覆物；栖息环境多样 ···························· 11

11. 中胸后侧片扩大，向上升到前胸背板和鞘翅之间，通常背面观可见 ···················· 12
中胸后侧片不扩大，不向上升到前胸背板和鞘翅之间，背面观不可见 ·················· 13

12. 喙基和额之间具有浅横沟，喙侧面观从基部向端部逐渐变细，喙的端部扁平；胫节明显有端刺；眼位于两侧，在腹面彼此接近；前胸腹板在基节之前仅具浅洼陷；体长卵形，体表光滑发亮，不具瘤突 ···瓜船象属 *Acythopeus*
喙基和额之间无横沟，喙侧面观从基部至端部粗细均匀；胫节通常无端刺，胫节外缘有凹陷，具发达的跗节沟；眼位于头的两侧，不在腹面彼此接近；前胸腹板有明显的胸沟体近球形，体表具瘤突，前胸背板侧面观背面中间具明显的隆起 ·············葡萄象属 *Craponius*

13. 触角沟基部近于喙的两侧背面，从背面观可见；喙较粗，触角着生处位于喙的中部之前接近端部 ··· 14
触角沟基部近于喙的两侧，从背面观不可见；喙多细长，触角着生处多位于喙中部或近中部 ··· 15

14. 后足胫节端刺从胫窝的隆线生出，端刺大而锐，所有腿节均具齿；体表鳞片稀疏，身体背腹面鳞片形态没有明显区别 ···树皮象属 *Hylobius*
后足胫节端刺从内角生出，端刺很小，所有腿节均不具齿；体表鳞片密集，身体背腹面鳞片形态区别明显，背面鳞片圆、蜡状，腹面鳞片多为端部截断形的细长鳞片或柳叶状鳞片 ···茎象属 *Listronotus*

15. 身体腹面具胸沟，喙在休止时收入胸沟内，胸沟界限清晰或略不明显，胸沟向后多止于前胸腹板，有时可延伸至中胸腹板或后胸腹板 ·· 16
身体腹面不具胸沟，喙在休止时不收入腹面胸沟内，仅置于前足基节之间或延伸至中后足基节之间 ·· 18

16. 腹板 2～4 的长度近相等，腹板 2 不明显长于腹板 3、4，腹板 5 近端部 1/3 处不具长刚毛形成的毛簇 ·· 17
腹板 2 明显长于腹板 3、4，腹板 3 和 4 的长度近相等，腹板 5 近端部 1/3 处靠近两侧各具一金黄色长刚毛形成的毛簇；胸沟不超过中胸腹板；行间 3、5、7、9 明显具隆脊，隆脊有时间断形成若干瘤突；腿节具 1～2 个齿 ·································鳄梨象属 *Conotrachelus*

17. 腿节具 2 个齿，两个齿相离较远；前胸背板在中间和两侧具黑色鳞片形成的鳞片束，鞘翅在行间 3、5、7 各具一行同样的鳞片束，翅坡处被密白色鳞片 ·········隐喙象属 *Cryptorhynchus*
腿节具 1 个齿；前胸背板在中隆脊两侧具鳞片束或鳞片束不明显，鞘翅无明显的鳞片束 ··杧果象属 *Sternochetus*

18. 喙细长；触角棒节不愈合，节间环纹通常明显，各节密被细刚毛；跗节 3 裂为深二叶状，二叶扩大明显，跗节 3 端部远宽于跗节 2，跗节 4 在跗节 3 和 5 之间不容易看到；前足胫节内缘近端部无刚毛列；体表多被覆鳞片 ·· 19

喙较短粗；触角棒节愈合，节间环纹不明显，基节光滑发亮；跗节 3 极浅的二凹形，二叶不扩大，跗节 3 端部与跗节 2 几乎等宽，跗节 4 极容易看到；前足胫节内缘近端部密布一排长而直立的刚毛；身体光滑，稀被覆鳞片 ······························· **阔喙谷象属 *Caulophilus***

19. 上颚位于喙的背面，上下活动；喙特别细长，雌虫更长，有时超过体长；后足腿节有一三角形的齿；触角细长，索节 7 节，触角棒长卵形 ·································· **象虫属 *Curculio***

上颚位于喙的两侧，左右活动；喙长一般；后足腿节的齿很小或不具齿；触角较粗，触角棒卵形 ··· 20

20. 前足腿节具 1～2 个齿，形态变化多样；眼凸隆，突出于头表面 ············· **花象属 *Anthonomus***

前足腿节不具齿；眼正常，不突出于头表面 ··································· **木蠹象属 *Pissodes***

瓜船象属
Acythopeus Pascoe, 1874

分类地位： 鞘翅目 Coleoptera，象虫科 Curculionidae，锥胸象亚科 Conoderinae

分类特征： 喙长而弯，基部略粗至强烈变粗，触角着生处向端部渐细或迅速变细，喙基部背面具横向深凹陷；触角沟深，位于喙侧面至腹面；眼位于两侧近腹面；触角柄节棒状，短，未达到眼，索节各节之和长于柄节，触角棒小，圆形至卵形，端部近截断形至尖形，棒节 1 短于触角棒长度的一半，被绒毛至近无毛；前胸背板宽大于长，端部近截断形，基部呈强烈的二曲状；小盾片小，圆形至卵形；鞘翅略宽于至远宽于前胸，鞘翅端部明显缩窄至顶端微凹；前胸腹板具胸沟；前足基节分离，彼此之间的距离与基节直径近相等；腹板 1 和 2 愈合；臀板外露；腿节不具齿，胫节明显具端刺，跗爪小，基部合生。

生物学概况： 主要为害葫芦科植物，有的种类会在寄主植物的茎秆上造成虫瘿。

分布： 非洲区、古北区、东洋区至新几内亚岛、阿鲁群岛。

种类数量： 该属目前世界已记述约 60 种，大部分分布在非洲区，其中古北区已知 6 种。西瓜船象 *Acythopeus granulipennis*（Tournier）是该属为害西瓜等栽培瓜果类作物的重要害虫。

西瓜船象 *Acythopeus granulipennis* (Tournier)

分类地位：鞘翅目 Coleoptera，象虫科 Curculionidae，锥胸象亚科 Conoderinae，瓜船象属 *Acythopeus*

英文名：Melon weevil，Cucurbit snout beetle

异名：*Baridius granulipennis* Tournier；*Athesapeuta colocynthae colocynthae* Voss；*Athesapeuta colocynthae globulicollis* Voss；*Athesapeuta colocynthae cucumidis* Voss

分布：亚洲：阿富汗、阿联酋、阿赛拜疆、格鲁吉亚、沙特阿拉伯、土耳其、土库曼斯坦、伊拉克、伊朗、以色列、约旦；非洲：埃及、摩洛哥、苏丹。

寄主：西瓜、甜瓜、*Citrullus colocynthis* 等，以及黄瓜。

危害情况：成虫产卵造成果实畸形、干瘪。成虫出现于第一批西瓜的结果期，产卵前环绕幼果果柄末端啃咬若干孔洞，阻碍果实成长。6 月可以发现受感染的西瓜，很多西瓜上有 100 个以上的产卵孔，每个西瓜中孵化的幼虫达到 50～60 头或以上。瓜类的大范围种植和种植时间的延长或许就是导致西瓜船象种群上升的原因。

形态特征：

成虫　体长 4.5～5.0mm，宽 2.0mm，红棕色至黑色，密布刻点。喙长为前胸背板的 1.2 倍，细长弯曲，向端部渐细，背面密布粗密刻点，侧面刻点亦粗，多少愈合成纹，刻点均着生银色毛。触角红棕色，前胸背板横向，两侧圆，端部强烈收缩，后角圆。鞘翅宽，基部两侧直，近平行，端部变窄。

卵　长约 0.6mm，宽约 0.3mm，白色，半透明，椭圆形。

幼虫　长 9mm，宽 3mm，白色，有粉红背中线。后 1/3 最宽，向头部渐细。头红色，上唇和上颚棕红色。

蛹　长 5mm，宽 3mm，白色，喙长达体长的 1/3。蛹室长 6～8mm，宽 4～5mm，褐色，椭圆形。

生物学特征：一年 3 代，甚至 4 代。以成虫越冬，首次出现于 5 月，在葡萄大小的西瓜幼果果皮上钻孔产卵，每孔产卵一粒。幼果上的产卵孔深 2mm。30℃时西瓜船象的卵期平均为 3.7 天，22℃时卵期平均为 6 天。幼虫取食幼嫩的种子，温度 24～29℃时幼虫期为 25～42 天。2～3 周后，老熟幼虫在果皮内化蛹，但若果实内湿度没有降到一定程度，老熟幼虫不化蛹。成虫羽化到产卵约需要 4 天。产卵高峰集中在成虫羽化后 2 周内，每雌平均产卵 75 粒。成虫寿命为几周，最长可达 100 天。成虫取食叶片、茎秆、幼嫩果实，但取食的为害不会造成损失。第三代成虫在越冬前少量产卵。冬眠的存活率取决于西瓜船象的世代和虫态，越早进入冬眠存活率越低。

传播途径：该虫具较强的飞行能力，幼虫可以随西瓜的调运而远距离传播。

检验检疫方法：严禁从疫区进口西瓜。检查西瓜表面的产卵痕，确定是否感染。

西瓜船象 *Acythopeus granulipennis* (Tournier)：01 成虫背面；02 成虫侧面；03 头喙背面；04 头喙侧面；05 触角；06 前足；07 后足；08 后足胫节；09 后足胫节端部；10 后足胫节背面；11 触角棒；12 后足跗节腹面；13 小盾片；14 腹板

花象属

Anthonomus Germar, 1817

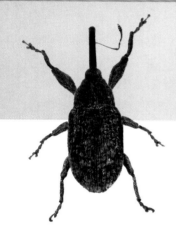

分类地位： 鞘翅目 Coleoptera，象虫科 Curculionidae，象虫亚科 Curculioninae

分类特征： 体粗壮，通常为梨形；触角柄节极少达到眼，索节 7 节；眼凸隆，突出于头表面，头在眼后不狭缩，喙不短于前胸背板；前胸背板宽大于长，无中隆脊；前足腿节略扩大，窄于中足或后足腿节宽度的 2 倍，腿节腹面具 1～2 个齿，形态变化多样；前足胫节略弯，胫节内缘端部 1/2 简单，不扩大且无隆脊；前足基节彼此接触，位于前胸腹板的中间；后足胫节端部齿较小；爪分离，基部具齿；腹板凸隆，腹板 2 和 3 之间的缝通常直，雄虫腹板 5 中间较长。

生物学概况： 花象属昆虫寄主多样，主要为害植物的花、果实等部位，成虫和幼虫均可造成危害。

分布： 世界性分布。

种类数量： 该属种类数量众多，目前世界已记述种类约 572 种。其中绝大部分种类分布于新热带区（395 种），其次为新北区（121 种），非洲热带区、东洋区、澳洲区种类较少，均少于 10 种。古北区已知 72 种，中国已知 15 种。花象属包括多种重要害虫，如墨西哥棉铃象 *Anthonomus grandis* Boheman、苹果花象 *Anthonomus quadrigibbus*（Say）、草莓花象 *Anthonomus rubi* Herbst 等。

种类检索表

1. 鞘翅行间平坦，无瘤突 ....**墨西哥棉铃象 *Anthonomus grandis***
   鞘翅行间 3 在翅坡处具明显的由小到大的瘤状凸起 ....**苹果花象 *Anthonomus quadrigibbus***

墨西哥棉铃象 *Anthonomus grandis* Boheman

分类地位： 鞘翅目 Coleoptera，象虫科 Curculionidae，象虫亚科 Curculioninae，花象属 *Anthonomus*

英文名： Cotton boll weevil，Mexican cotton boll weevil，Thurberia weevil

分布： 亚洲：印度（西部）；北美洲：多米尼加、哥斯达黎加、古巴、海地、洪都拉斯、美国（阿肯色、北卡罗来纳、得克萨斯、俄克拉何马、佛罗里达、弗吉尼亚、南卡罗来纳、路易斯安那、密苏里、密西西比、田纳西、亚拉巴马、亚利桑那、佐治亚）、墨西哥（杜兰戈哈科斯科、格雷罗、莫雷洛斯、纳亚里特、奇瓦瓦、恰帕斯、圣路易斯波托西、索诺拉、塔毛利伯斯、维拉克鲁斯、锡那罗亚、下加利福尼亚南部、新莱昂）、尼加拉瓜、萨尔瓦多、危地马拉；南美洲：巴西、哥伦比亚、委内瑞拉。

寄主： 主要取食棉花，也取食苘麻属 *Abutilon* spp.、木槿属 *Hibiscus* spp. 的野生种类、桐棉 *Thespesia populnea*，*Thubaris thespesioides*，*Cienfuegasia affinis*，*Cienfuegasia heterophylla*，*Cienfuegasia sulphurea*，成虫也可在秋葵 *Hibiscus esculentus*、蜀葵 *Althaea rosea* 上取食。

危害情况： 成虫和幼虫均可造成危害。成虫在棉花现蕾之前，为害棉苗嫩梢和嫩叶，现蕾之后，成虫取食棉蕾或棉铃的内部组织，致使被害棉蕾或裂开，或逐渐变黄并死亡。大量穿孔的棉铃及幼嫩棉铃易脱落，或干枯在棉枝上，被穿孔的较大棉铃不脱落，但幼虫穿孔处不能正常发育，棉花纤维被切断、污染或腐烂。因幼虫蛀食，有的棉蕾不能开放，或棉铃只产生少量纤维。

形态特征：

成虫 雌虫体长 4.5mm，宽 2.2mm，长椭圆形，红褐色至暗红色，被覆粗糙刻点和茸毛。头部圆锥形，眼相当突起。喙细长，从两端到中间略收缩，触角嵌入处较雄虫的远离端部，喙基部有稀疏茸毛。触角索节 7 节，索节 2 长于索节 3，索节 3～7 等长，触角棒 3 节，索节和棒节颜色相同。前胸背板 1.5 倍宽于长，最宽处在中间，两侧从基部到中间几乎直，后角直角形。前端不缩窄、圆形。背面相当隆起，密布刻点。鞘翅长椭圆形，基部稍宽于前胸背板，向后逐渐加宽，基部 2/3 几乎平行，端部逐渐收缩成圆形。鞘翅行纹刻点深且互相接近，行间稍稍凸起，奇数行间和偶数行间等宽，但行间 4 基部有多态现象，正常或变窄或间断。后翅无明显斑点。臀板外露。前足腿节特别粗大、棒状，有两个粗大的齿，内侧的齿长而粗大，外侧的呈尖锐三角形，两齿基部合生。中足、后足腿节不如前足腿节粗大，只有 1 个齿。胫节粗，前端内侧有二曲波纹，后端直。跗节发达，爪离生，前足跗节的爪有雌雄异态现象，雌虫的爪内侧具较细长而尖锐的齿，其长几乎等于爪。体腹面的茸毛浓密。雄虫体长 5mm，宽 3mm，体色较浅。喙较雌虫的略短粗，喙的两侧边近于平行，刻点大，触角嵌入处位于末端到眼之间的 1/3 处，相比雌虫更靠近喙的末端。爪内侧的齿较雌虫的粗大，端部略钝。

卵 长 0.8mm，宽 0.5mm，白色，椭圆形。

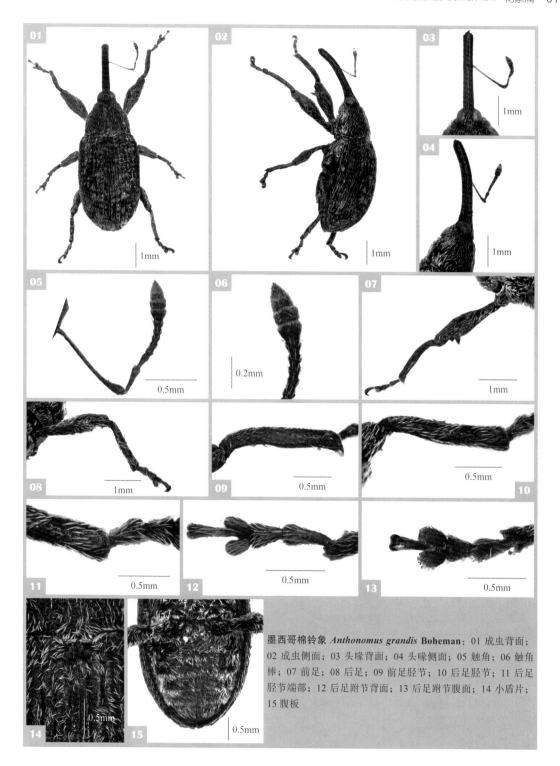

墨西哥棉铃象 *Anthonomus grandis* **Boheman**：01 成虫背面；02 成虫侧面；03 头喙背面；04 头喙侧面；05 触角；06 触角棒；07 前足；08 后足；09 前足胫节；10 后足胫节；11 后足胫节端部；12 后足跗节背面；13 后足跗节腹面；14 小盾片；15 腹板

幼虫 老熟幼虫体长略大于 8mm，白色，无足，体成 C 形，覆少数刚毛，头部浅黄褐色，腹部气孔二孔形。

蛹 裸蛹，乳白色。

生物学特征： 以成虫在靠近棉田的碎石下、落叶下、树皮下、树木上的西班牙苔藓中、堆积的茎秆内、作物残基内、轧棉机内、牲口棚内或其他越冬场所越冬。从棉花生长初期 3 月到 6 月上旬或下旬，越冬成虫复苏后先在棉花幼嫩生长点末端取食。当棉蕾或棉铃出现时，造成最大危害。交尾后的雌虫先在棉蕾或棉铃上咬一个孔，并在其中产卵一粒。成虫嗜好为害生长期约 6 天的花芽或蕾。一头雌虫一生可产卵 100～300 粒。3～5 天后，卵孵化成白色无足幼虫。幼虫在棉铃内取食 7～14 天，蜕皮 2～3 次。幼虫孵化后，一直在棉蕾或棉铃内，并在棉铃内由于取食而吃空、弄脏的孔穴内化蛹，蛹期持续约 5 天。成虫羽化时，咬食孔道钻出。羽化后的成虫取食约 4 天后，新一代成虫开始产卵。完成一代生活史平均约 25 天。在美国中部，一年发生 2～3 代，南部可发生 8～10 代。棉花成熟后（8 月中旬至 9 月初）成虫离开棉田，作 20～50km 的远距离扩散

飞行，它的传播扩散主要发生在这个时期。成虫经过体内脂肪储备阶段，开始寻找越冬场所，越冬死亡率可高达 95% 以上。越冬后成虫又有许多在翌年棉花现铃前死亡。

传播途径： 幼虫、蛹和成虫可随籽棉、棉籽、棉籽壳的调运而远距离传播。墨西哥棉铃象的蛹室质硬色深，外形酷似棉籽，但比棉籽稍粗短。蛹室内可存在待化蛹的幼虫、蛹或初孵化尚未钻出的成虫，部分幼虫还可钻入棉籽内做蛹室，加大了害虫随棉籽、籽棉传播的危险性。该虫在印度的分布可能与每年大量进口美棉有关。成虫具有较强的飞行能力，每年可以自然传播 40～160km。

检验检疫方法： 鉴于籽棉和棉籽对传播此虫有很大的危险性，对疫区，特别是从美国、墨西哥、中美洲、南美洲国家进口的棉籽、籽棉必须进行严格的检疫，要严格控制数量、货主需出具官方的熏蒸证书，确保无活虫存在。在进口检验中，如发现活虫，必须用溴甲烷进行灭虫处理。皮棉虽然携虫可能性小，但也要经过检验，防止可能夹杂带虫的棉籽。检查中如果发现带虫的棉籽，同样要经过熏蒸处理。

苹果花象 *Anthonomus quadrigibbus* (Say)

分类地位： 鞘翅目 Coleoptera，象虫科 Curculionidae，象虫亚科 Curculioninae，花象属 *Anthonomus*

别名： 苹象

英文名： Apple curculio，Western curculio，Large apple curculio，Apple weevil

异名： *Tachypterus quadrigibbus* Dietz；

Tachypterus quadrigibbus Fall & Cockerell；*Tachypterellus quadrigibbus magnus* List；*Tachypterellus consors cerasi* List

分布： 北美洲：加拿大（新斯科舍到不列颠哥伦比亚，最北的记录是大草原地区和艾伯塔）、美国（除内华达和怀俄明外的所有各州，可能在这两个州中也有发生）、墨西哥

（最南端是墨西哥州）。

寄主：主要为害蔷薇科苹果属、山楂属、包括梨树、山楂、苹果、榲桲 Cydonia oblonga、樱桃、海棠，以及山茱萸科植物等。

危害情况：该虫对苹果危害严重，取食幼果造成黄褐色斑，取食成熟果实形成一个小孔，局部地区可引起 50% 以上的产量损失。苹果花象为害樱桃，雌虫在幼果接近柄的部位钻一小孔产卵，导致落果或破坏果实品质。苹果花象成虫取食梨幼果导致钻食孔周围组织变硬，通常出现一个小脓包且周围一圈下陷，导致果实畸形。虽然对梨的危害很大，但在同一果园却不为害苹果和樱桃。此外，苹果花象的取食和产卵还可以导致腐烂病菌和其他有害生物进入果实内，形成危害。

被苹果花象为害的最初症状通常是小果皮上有小刻点，刻点下有一小孔，用于取食或产卵。如果是产卵孔，刻点上用颗粒状虫粪覆盖。随着果实的生长，这些刻点留在漏斗状坑道的底部，苹果果实畸形。产卵刻点在底部较宽，而取食刻点则在两侧稍平行；但实质上这两种刻点在果实的表面很难区别。在成熟的苹果上能发现幼虫、蛹和成虫。新一代成虫在正成熟的果实上取食产生皱缩的棕色斑点，这一斑点愈合后形成一直径为 2.5cm 的区域。

形态特征：

成虫 体长约 5mm，喙长 2.5～5.5mm，棕色。喙细长，弯曲，为体长的 1/3～1/2，触角棒伸长，与前 6 节索节之和等长或更长。小盾片窄小，前胸背板和鞘翅具密而粗的绒毛，前胸背板基部明显比鞘翅窄，鞘翅翅坡行间 3 具明显的由小到大的瘤状凸起。

卵 白色，卵形。

幼虫 老熟幼虫长 7.5～9.0mm，白色或乳白色，无足，粗壮，弯曲，头浅棕黄色，上颚棕色或黑色。

蛹 长 4.7～5.5mm，白色，发育后期变黑色。每翅的中部左右有一大的锥形瘤刺，腹背面有 4 对盘状刚毛，第 9 腹节着生有一向后的附属结构。

生物学特征：一年 1 代，以成虫在树下的地面越冬。成虫在地面温度达 16℃ 或以上时，至少 24h 后开始活动，温度更高后飞行更强。成虫取食嫩芽、花蕾、花及幼果，产卵于发育的果实（种子内或果肉中），可持续 60 天或更长，产卵期平均为 35 天，每雌产卵 66 粒。苹果花象更喜在樱桃上产卵，而在苹果、海棠及梨树上幼虫少。卵孵化需 7 天，幼虫通过延伸产卵坑道取食危害。幼虫有 3 个龄期，通常在果实中化蛹。第二代成虫在 7 月下旬至 9 月上旬出现，取食之后在寄主周围寻找越冬场所。成虫飞行能力强。

传播途径：成虫通过飞行作短距离扩散。幼虫、蛹或刚羽化的成虫能随苹果运输传播。

检验检疫方法：严禁从疫区调运苹果等水果。检查为害症状，对必须要进口的果实进行剖果检查，查看是否有虫体和虫粪。

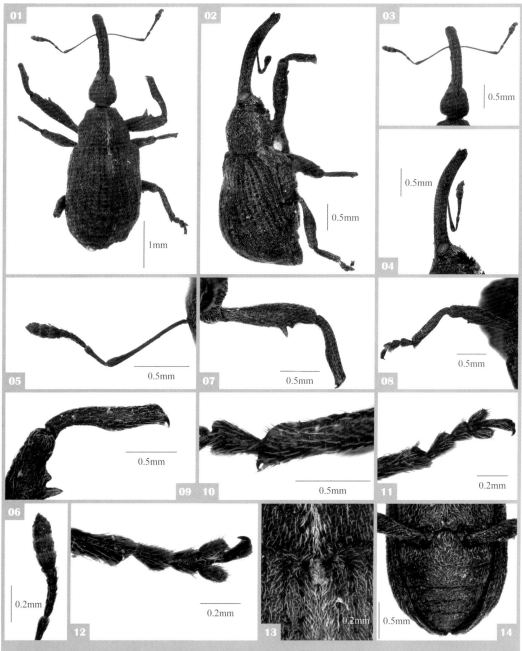

苹果花象 *Anthonomus quadrigibbus* (Say)：01 成虫背面；02 成虫侧面；03 头喙背面；04 头喙侧面；05 触角；06 触角棒；07 前足；08 后足；09 前足胫节；10 后足胫节端部；11 后足跗节背面；12 后足跗节腹面；13 小盾片；14 腹板

阔喙谷象属
Caulophilus Wollaston, 1854

分类地位: 鞘翅目 Coleoptera,象虫科 Curculionidae,朽木象亚科 Cossoninae

分类特征: 体型较小,通常小于 5mm;体壁黑色、深褐色或黄褐色,体表被覆物极少,刚毛细而短,不十分明显,不具宽的鳞片;喙无雌雄二型现象,喙两侧近平行,触角着生于喙中部之后,触角着生处从喙的背面不可见,触角索节 7 节;眼中等大小,圆形或卵圆形,超过 10 个小眼面,侧面观喙的下缘指向眼靠近腹面的 1/2 处;前胸腹板简单,光滑,不具胸沟;后胸后侧片窄,远窄于触角棒的宽度,最多具一列不十分明显的浅刻点;前足基节彼此分离,两基节之间的距离至少为基节宽度的 1/2,前足基节近前胸腹板后缘,与后缘的距离小于基节直径;中足、后足腿节较长,长棒状,端部略膨大。

生物学概况: 主要为害多种植物的枯死枝干或葡萄藤,阔鼻谷象为害玉米等仓储粮食、鳄梨种子等。

分布: 南美洲:玻利维亚、秘鲁、委内瑞拉;北美洲:美国、古巴、牙买加、波多黎各、伯利兹、哥斯达黎加、危地马拉、洪都拉斯、墨西哥、巴拿马;非洲:塞舌尔、加那利群岛、马德拉群岛;欧洲:英国、西班牙。

种类数量: 目前世界已记述种类 17 种,古北区仅 1 种,为入侵种——阔鼻谷象 *Caulophilus oryzae*(Gyllenhal)。

阔鼻谷象 *Caulophilus oryzae* (Gyllenhal)

分类地位：鞘翅目 Coleoptera，象虫科 Curculionidae，朽木象亚科 Cossoninae，阔喙谷象属 *Caulophilus*

英文名：Broad-nosed grain weevil

异名：*Rhyncolus lauri* Gyllenhal；*Cossonus pinguis* Horn；*Caulophilus sculpturatus* Wollaston

分布：北美洲：加拿大、美国（加利福尼亚、夏威夷）、波多黎各、古巴、牙买加；中美洲；非洲：加那利群岛、马德拉群岛；欧洲：西班牙、英国。

寄主：玉米等仓储粮食、鳄梨种子等。

危害情况：成虫和幼虫均取食种子，雌虫在种子内产卵，幼虫在种子内发育。

形态特征：

成虫　体壁暗褐色，光滑；喙短粗，触角着生于喙中部，索节 7 节；前胸背板两侧几乎平行，中间最宽，背面刻点较大而圆，散布，前胸背板平滑，无褶皱；鞘翅基部近乎直，略呈波状，行间略凸隆；小盾片卵圆形；前足胫节内缘二凹形，胫节端部的内角具端刺，外角具起源于胫节外缘的钩，大且弯。

幼虫　白色，蛴螬型，无明显的足。

生物学特征：雌虫平均产卵 200～300 粒。在夏季，从卵到成虫约 1 个月的时间，成虫寿命大约为 5 个月。雌虫在种子表面钻蛀一个小洞，在其内产 1 枚卵，然后用蜡质分泌物将洞口封住。幼虫在种子内发育，也在种子内部化蛹。成虫羽化后咬破种子，在种子表面留下一个破口。

传播途径：可由幼虫随谷物等的种子而远距离传播。

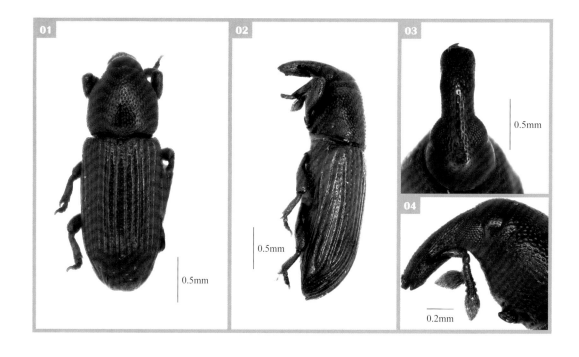

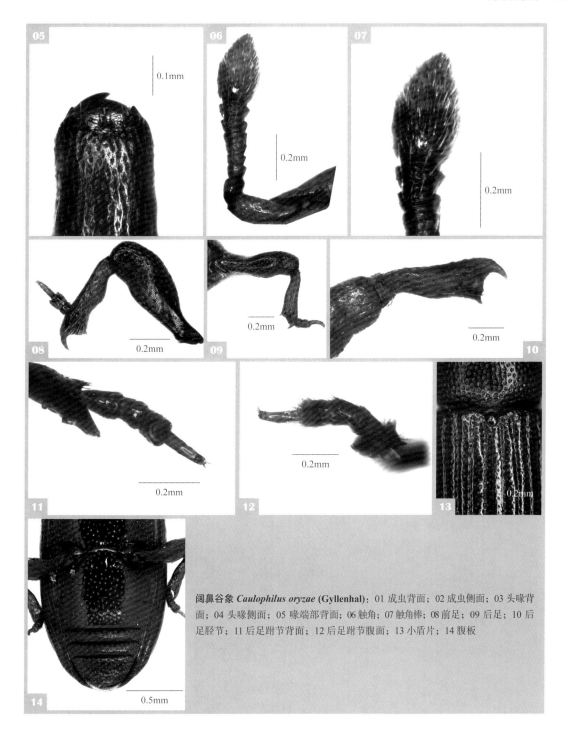

阔鼻谷象 *Caulophilus oryzae* (Gyllenhal)：01 成虫背面；02 成虫侧面；03 头喙背面；04 头喙侧面；05 喙端部背面；06 触角；07 触角棒；08 前足；09 后足；10 后足胫节；11 后足跗节背面；12 后足跗节腹面；13 小盾片；14 腹板

鳄梨象属
Conotrachelus Dejean, 1835

分类地位：鞘翅目 Coleoptera，象虫科 Curculionidae，魔喙象亚科 Molytinae

分类特征：前胸腹板具胸沟，不同种类胸沟长短不同，但永远不会达到中胸腹板；头部不具横沟，但是喙和额之间有小窝或不十分明显的浅洼；触角索节 7 节，被覆倒伏至半直立的浅色刚毛，刚毛稀疏，半直立刚毛较长，排列成螺旋状；前胸前缘两侧眼叶明显；前胸和鞘翅通常具鳞片或刚毛形成的斑纹，鞘翅行间 3、5、7、9 通常具隆脊，行间 3 和 9 的隆脊在鞘翅端部汇合；腿节腹面近端部具 1 个或 2 个齿，胫节端部具钩，爪通常分离，有时具齿；腹板 5 近端部 1/3 在中线两侧各具一簇直立的金色长刚毛。

生物学概况：鳄梨象属主要为害种子、果实或花等，成虫有趋光性。

分布：北美洲；南美洲。

种类数量：该属种类数量众多，目前世界已记述种类超过 1100 种，包括多种重要害虫，如楂梓象 *Conotrachelus crataegi* Walsh、李象 *Conotrachelus nenuphar*（Herbst）、墨西哥鳄梨象 *Conotrachelus agucatae* Barber、鳄梨象 *Conotrachelus perseae* Barber 和美洲鳄梨象 *Conotrachelus serpentinus*（Klug）等。

种类检索表

13. 鞘翅行间 3 和 5 近鞘翅基部具白色刚毛形成的短纵条带，近翅坡处两鞘翅各具一由白色刚毛组成的宽斜带；前胸背板基部靠近两侧各具一由白色刚毛形成的短纵条带 ………………………………………………………………………………………………… **蜂窝鳄梨象 *Conotrachelus hicoriae***

鞘翅被覆黄褐色刚毛，不具白色条带；前胸背板从前缘中间开始各具一斜向后延伸至前胸背板基部两端角的浅黄褐色鳞片形成的窄条带 ………………… **黄褐鳄梨象 *Conotrachelus seniculus***

纵纹鳄梨象 *Conotrachelus anaglypticus* (Say)

分类地位：鞘翅目 Coleoptera，象虫科 Curculionidae，魔喙象亚科 Molytinae，鳄梨象属 *Conotrachelus*

英文名：Cambium curculio

异名：*Conotrachelus rubiginosus* Boheman

分布：北美洲：加拿大（安大略）、美国（艾奥瓦、北卡罗来纳、得克萨斯、俄亥俄、俄克拉何马、佛罗里达、弗吉尼亚、堪萨斯、肯塔基、路易斯安那、马里兰、马萨诸塞、蒙大拿、密苏里、密西西比、密歇根、缅因、纽约、威斯康星、新英格兰、伊利诺伊）。

寄主：桃、苹果、山核桃、美洲鹅耳枥、山桦、美国山毛榉、白栎、美国角木、美国栗木、山地栗、鹅掌楸、红橡、红槭、多花紫树、大花四照花、酸叶石楠。

形态特征：

成虫　体长 2.95～4.66mm；体壁红褐色至黑褐色；眼大，眼下缘在头部腹面相互接近或相连；喙等于或略短于前胸长；触角索节 1 与 2 长度近相等或略短于 2；前胸背板中纵沟不十分明显，前胸背板近两侧各具两条由白色鳞片形成的条带；鞘翅在两肩之后各具一黄色鳞片形成的斜向条带，条带止于行间 3；鞘翅行间 3、7 和 9 的隆脊通常较锐且完整，行间 5 的隆脊通常突然止于近基部处；前足腿节齿粗大，大于中足、后足腿节；后足腿节明显粗于前面两对足的腿节，雄虫的后足胫节端部内缘在端刺前强烈凹陷。

生物学特征：一年 1～2 代。幼虫为害桃、棉铃以及多种果树和行道树的形成层和内皮层，通常幼虫会从树皮的伤口或者断枝处开始为害，有时一个伤口会聚集 20～38 头幼虫。

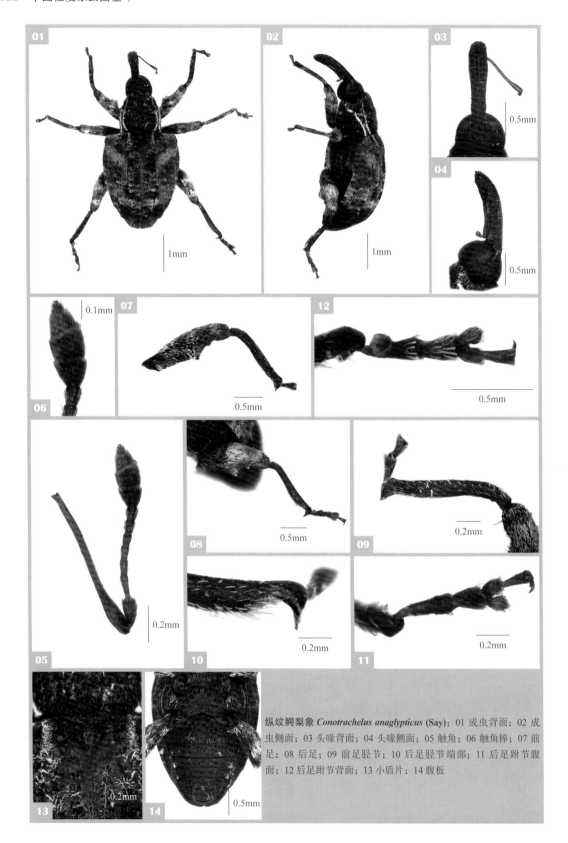

纵纹鳄梨象 *Conotrachelus anaglypticus* (Say)：01 成虫背面；02 成虫侧面；03 头喙背面；04 头喙侧面；05 触角；06 触角棒；07 前足；08 后足；09 前足胫节；10 后足胫节端部；11 后足跗节腹面；12 后足跗节背面；13 小盾片；14 腹板

珊瑚鳄梨象 *Conotrachelus corallifer* **Boheman**

分类地位： 鞘翅目 Coleoptera，象虫科 Curculionidae，魔喙象亚科 Molytinae，鳄梨象属 *Conotrachelus*

分布： 南美洲：玻利维亚、厄瓜多尔、哥伦比亚、秘鲁。

形态特征：

成虫 体壁光滑发亮，鞘翅红褐色，部分黑色，前胸黑色至红褐色，体表鳞片稀疏；头部刻点极小、稀疏，喙较细长，触角着生于喙端部 1/3 处；触角索节 1 长于索节 2，索节 1、2 均远长于索节 3；前胸刻点密集且深，不规则排列，彼此靠近形成褶皱，前胸背板中间具一纵隆脊，隆脊在接近前胸背板前后两端时消失；鞘翅行间 3、5、7、9 具瘤突，行间 3 和 5 各具 3 个瘤突，分别位于鞘翅近基部、鞘翅中间之前和鞘翅翅坡上，其中基部的瘤突长椭圆形，中间的瘤突最凸隆，呈长圆锥形，背面观每侧鞘翅上的这两个瘤突彼此靠近其至连接在一起，侧面观相当明显，翅坡上的瘤突隆脊状；行间 7 的瘤突在鞘翅基部形成肩胝，行间 7 具两个瘤突；鞘翅瘤突从背面观排列成 3 个"V"形；腹板光滑，几乎无刻点，毛被极稀疏；腿节齿明显。

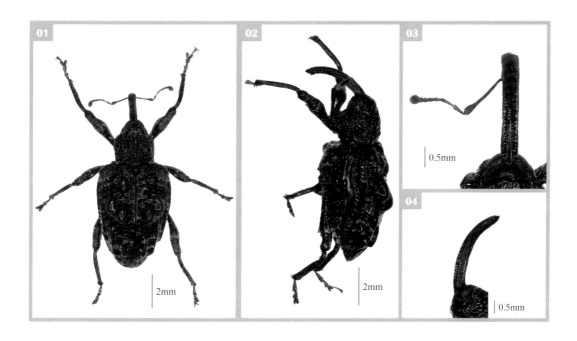

01　2mm

02　2mm

03　0.5mm

04　0.5mm

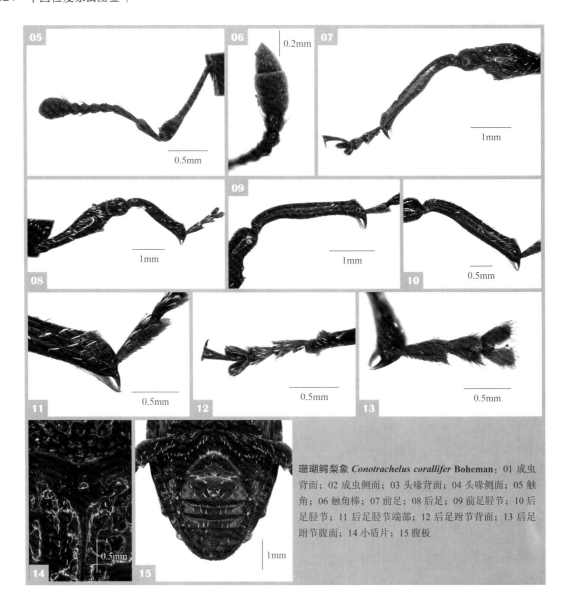

珊瑚鳄梨象 *Conotrachelus corallifer* Boheman：01 成虫背面；02 成虫侧面；03 头喙背面；04 头喙侧面；05 触角；06 触角棒；07 前足；08 后足；09 前足胫节；10 后足胫节；11 后足胫节端部；12 后足跗节背面；13 后足跗节腹面；14 小盾片；15 腹板

榅桲象 *Conotrachelus crataegi* Walsh

分类地位：鞘翅目 Coleoptera，象虫科 Curculionidae，魔喙象亚科 Molytinae，鳄梨象属 *Conotrachelus*

英文名：Quince curculio

分布：北美洲：加拿大（安大略）、美国（佛蒙特、华盛顿、康涅狄格、罗德岛、马萨诸塞、缅因、纽约、新罕布什尔）、墨西哥；南美洲。

寄主：榅桲 *Cydonia oblonga*、梨 *Pyrus* spp.、苹果 *Malus pumila*。

危害情况：成虫取食、产卵及幼虫取食均对果实造成为害。在美国康涅狄格州，榅桲象是榅桲上最具破坏性的害虫之一。梨的果实被产卵后，幼虫在内部发育，产卵孔周围扁平坚硬，中央形成一个小孔。除此以外，果实并没有特别畸形。

形态特征：

成虫 体长约 6mm；体壁红褐色至暗褐色，具浅色鳞片形成的条带；全身密被毛状鳞片；浅色鳞片形成的条带在前胸背板上看着是一个倒“V”形或倒“U”形；背面观，前胸两侧在中部之后两侧平行，从中部开始向前突然有一个非常明显的狭缩，之后向端部逐渐变圆；鞘翅肩角明显，直角形，端部形成尖角；鞘翅行间隆脊不连续，隆脊具半直立的褐色窄鳞片。

幼虫 肉色，无明显的足。

生物学特征：一年 1 代。以幼虫在土壤中越冬，第二年春季化蛹，成虫出现于夏季，通常在 7 月中旬。雌虫产卵于果实中，卵单产。7～10 天后孵化，幼虫在果肉中发育，通常不钻蛀达果核。一个月后，通常在 8 月，老熟幼虫进入离地面 5～8cm 的土室中越冬，直到第二年再出现。

传播途径：由幼虫随榅桲、梨、苹果等果实而远距离传播，也可以随土壤传播。

检验检疫方法：检查为害症状。严禁从疫区调运榅桲、梨等水果。

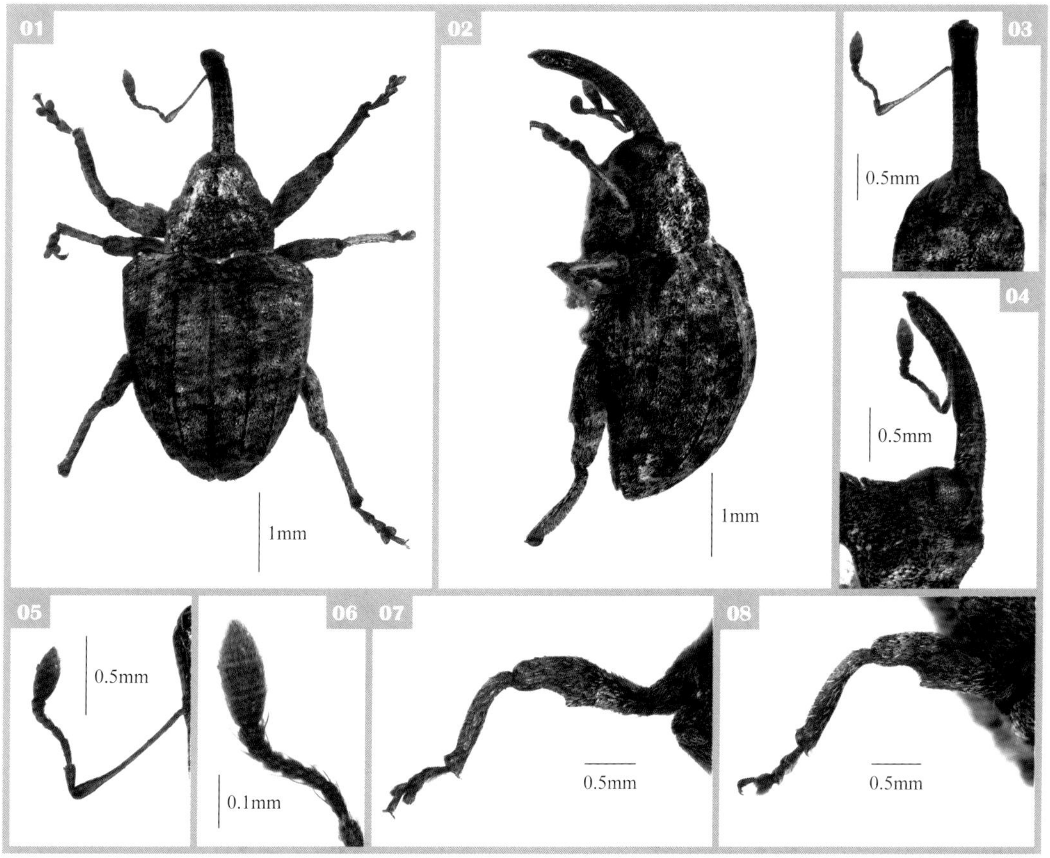

楷梓象 Conotrachelus crataegi Walsh：01 成虫背面；02 成虫侧面；03 头喙背面；04 头喙侧面；05 触角；06 触角棒；07 前足；08 后足；09 前足胫节；10 后足胫节；11 后足胫节端部；12 后足跗节背面；13 后足跗节腹面；14 小盾片；15 腹板

美丽鳄梨象 *Conotrachelus elegans* (Say)

分类地位：鞘翅目 Coleoptera，象虫科 Curculionidae，魔喙象亚科 Molytinae，鳄梨象属 *Conotrachelus*

英文名：Pecan gall curculio，Pignut curculio、Pignut weevil

分布：北美洲：加拿大（安大略）、美国（艾奥瓦、北卡罗来纳、宾夕法尼亚、得克萨斯、俄亥俄、佛罗里达、弗吉尼亚、堪萨斯、路易斯安那、马里兰、马萨诸塞、密苏里、密歇根、内布拉斯加、南卡罗来纳、纽约、田纳西、西弗吉尼亚、新泽西、亚拉巴马、伊利诺伊、印第安纳）、墨西哥；南美洲。

寄主：美洲山核桃。

形态特征：

成虫　体长 3.8～5.1mm；前胸和鞘翅黑色，鞘翅端部略偏红，鞘翅翅坡上具黄褐色鳞片形成的斑纹；雌虫触角着生于喙端部 1/3 处，雄虫着生于喙端部 1/4 处；前胸背板刻点密集、粗大，有时彼此接近连在一起形成褶皱，稀被倒伏至半倒伏红褐色至白色刚毛；前胸背板背面中间通常不具瘤突，但是偶尔会有两对较小的瘤突，一对位于前胸背板中间，另外一对位于中间和前胸背板基部之间；鞘翅行间 3、5、7、8 和 9 具隆脊，行间 3 隆脊的中部通常比其他行间明显；鞘翅翅坡处的浅色鳞片较密集，形成较宽的斜带；腹板 1～4 密布刻点，腹板 1 和 2 上刻点之间的距离通常不大于刻点直径；腿节具齿。

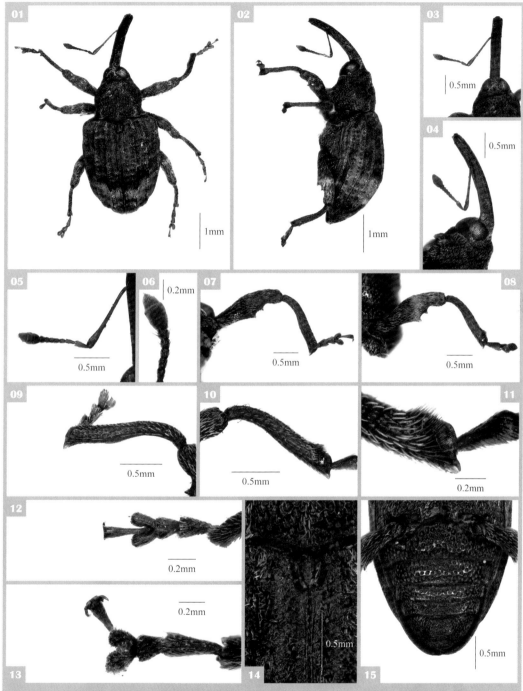

美丽鳄梨象 Conotrachelus elegans (Say)：01 成虫背面；02 成虫侧面；03 头喙背面；04 头喙侧面；05 触角；06 触角棒；07 前足；08 后足；09 前足胫节；10 后足胫节；11 后足胫节端部；12 后足跗节背面；13 后足跗节腹面；14 小盾片；15 腹板

裂纹鳄梨象 *Conotrachelus fissunguis* LeConte

分类地位： 鞘翅目 Coleoptera，象虫科 Curculionidae，魔喙象亚科 Molytinae，鳄梨象属 *Conotrachelus*

英文名： Hibiscus seed-capsule curculio

分布： 北美洲：美国（宾夕法尼亚、得克萨斯、弗吉尼亚、哥伦比亚特区、路易斯安那、马里兰、密苏里、新泽西、伊利诺伊）。

寄主： 芙蓉葵 *Hibiscus moscheutos* Linn.，*Hibiscus lasicocarpus*、甲胄木槿 *Hibiscus militaris*。

形态特征：

成虫 体长 4.2～5.4mm；头密布刻点，喙较粗壮，触角着生于喙端部 1/4 处；前胸刚毛极稀疏，仅刻点内具短而半直立的刚毛；前胸背板刻点粗大且深，刻点彼此靠近，进而刻点间凸隆的部分形成纵向的褶皱，前胸背板中间纵隆脊最明显；鞘翅红褐色，背面中间翅坡前、鞘翅两侧以及肩的前缘黑色；鞘翅刚毛密集，行间上的半直立刚毛仅略长于倒伏的刚毛，鞘翅背面中间翅坡前光滑，刚毛极稀疏，形成一黑色椭圆形区域；鞘翅肩圆，不十分凸出，行间平坦，行间 3、5、7 和 9 仅略凸隆，不十分明显；腹板 3 和 4 密布刻点；腿节的齿不十分明显。

生物学特征： 在美国新泽西，该虫以成虫越冬，翌年 7 月开始活动，成虫取食花，雌虫在寄主植物的蒴果形成时产卵于其中。初孵幼虫为害发育中的种子，老熟幼虫离开蒴果进入土中化蛹。

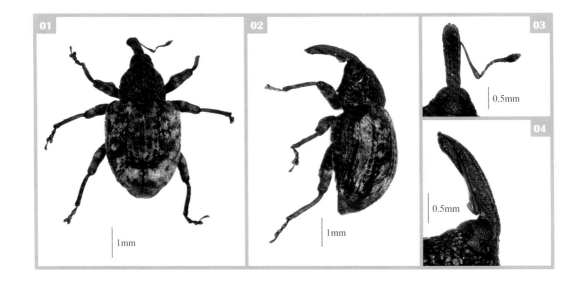

01 　02 　03 0.5mm　04 0.5mm　1mm　1mm

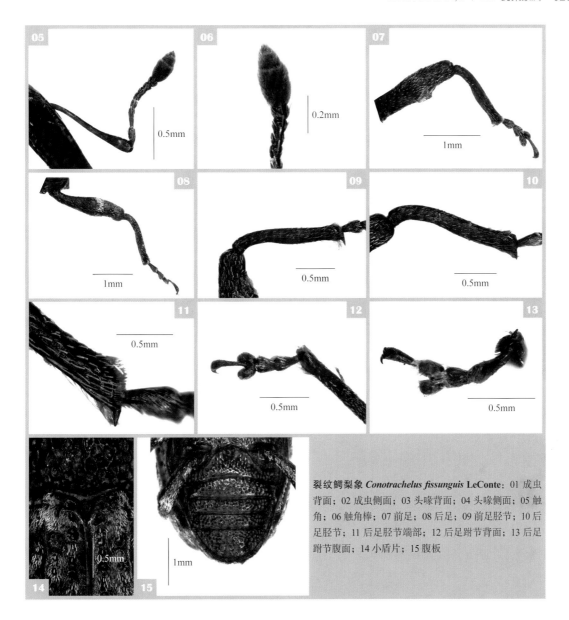

裂纹鳄梨象 *Conotrachelus fissunguis* LeConte：01 成虫背面；02 成虫侧面；03 头喙背面；04 头喙侧面；05 触角；06 触角棒；07 前足；08 后足；09 前足胫节；10 后足胫节；11 后足胫节端部；12 后足跗节背面；13 后足跗节腹面；14 小盾片；15 腹板

蜂窝鳄梨象 *Conotrachelus hicoriae* Schoof

分类地位：鞘翅目 Coleoptera，象虫科 Curculionidae，魔喙象亚科 Molytinae，鳄梨象属 Conotrachelus

英文名：Nut curculio，hickory nut curculio

分布：北美洲：美国（阿肯色、得克萨斯、佛罗里达、弗吉尼亚、哥伦比亚特区、堪萨斯、路易斯安那、马里兰、南卡罗来纳、西弗吉尼亚、新泽西、伊利诺伊）。

寄主：美国山胡桃 *Hicoria pecan*。

危害情况：成虫取食、产卵及幼虫取食均对果实造成为害。

形态特征:

成虫　体长 4.4～7.0mm；前胸和鞘翅红色至暗红褐色，有时具黑色斑纹；头部刻点密且粗大，刚毛稀疏；雌虫喙较弯，通常可达中胸腹板甚至后胸腹板前缘；前胸刻点粗大且密集，两侧刻点更明显，背面具 2 对瘤突，一对位于前胸背板中纵隆脊两侧近于前胸背板中间位置，另外一对位于中间和基部之间；鞘翅肩明显，鞘翅行间的隆脊高低不一致，行间 3 的隆脊不连续，呈三段，在鞘翅中部的最为突出，明显高于其余两段隆脊；鞘翅行间 3 和 5 基部具白色鳞片形成的短纵条纹，翅坡处具白色和浅褐色鳞片形成的较宽的斜带。

幼虫　无足，乳白色，头壳褐色，老熟幼虫可达 9.5mm。

生物学特征: 成虫在土壤或落叶层中越冬，第二年的 6 月中旬至 7 月中旬开始活动。成虫取食幼嫩的果实，雌虫将卵产于果实内。卵经过 5 天孵化，幼虫在果实内取食发育。

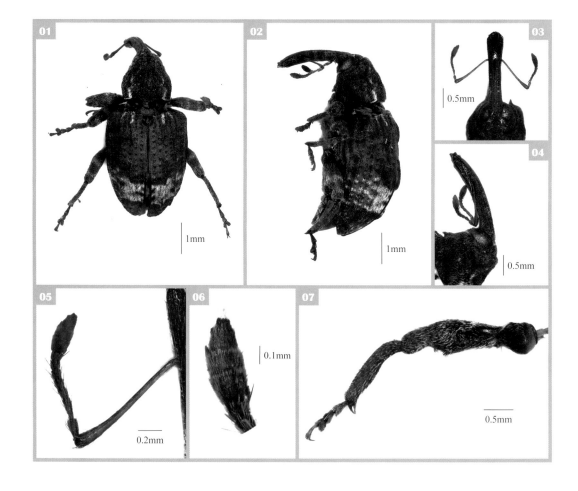

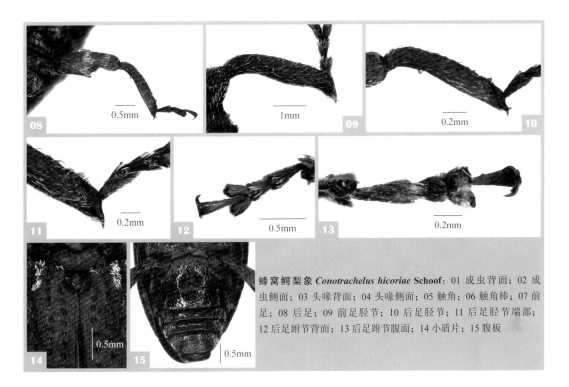

蜂窝鳄梨象 *Conotrachelus hicoriae* Schoof：01 成虫背面；02 成虫侧面；03 头喙背面；04 头喙侧面；05 触角；06 触角棒；07 前足；08 后足；09 前足胫节；10 后足胫节；11 后足胫节端部；12 后足跗节背面；13 后足跗节腹面；14 小盾片；15 腹板

刻点鳄梨象 *Conotrachelus integer* Casey

分类地位：鞘翅目 Coleoptera，象虫科 Curculionidae，魔喙象亚科 Molytinae，鳄梨象属 *Conotrachelus*

分布：北美洲：美国（得克萨斯、亚利桑那）。

形态特征：

成虫 鞘翅红褐色，部分黑色，前胸黑色，白色和黄褐色鳞片在鞘翅背面形成不规则分布的斑点；头刻点较密集，两眼之后中间具一短纵脊，喙细长；触角柄节细长，索节 1 短于索节 2，索节 1、2 均长于索节 3；前胸具隆脊，但是隆脊在前 2/3 明显，前胸背板刻点粗大且圆，深，蜂窝状；鞘翅行间 3、5、7 略凸隆，具隆脊，隆脊中间断开不均匀；腿节齿明显，后足胫节端部钩细，叉状，向背侧弯曲。

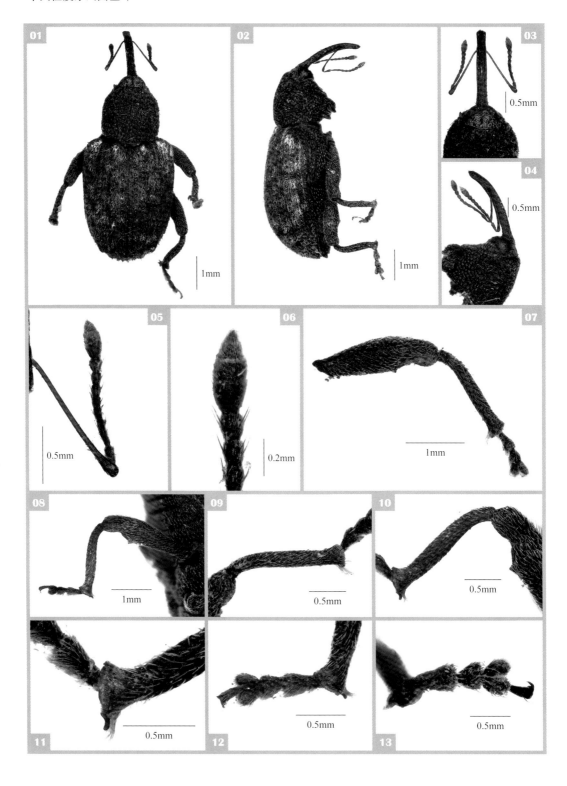

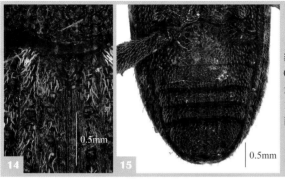

刻点鳄梨象 ***Conotrachelus integer*** **Casey**：01 成虫背面；02 成虫侧面；03 头喙背面；04 头喙侧面；05 触角；06 触角棒；07 前足；08 后足；09 前足胫节；10 后足胫节；11 后足胫节端部；12 后足跗节背面；13 后足跗节腹面；14 小盾片；15 腹板

白毛鳄梨象 *Conotrachelus juglandis* LeConte

分类地位：鞘翅目 Coleoptera，象虫科 Curculionidae，魔喙象亚科 Molytinae，鳄梨象属 *Conotrachelus*

英文名：Butternut weevil，walnut curculio

分布：北美洲：加拿大（蒙特利尔）、美国（艾奥瓦、北卡罗来纳、宾夕法尼亚、俄亥俄、弗吉尼亚、哥伦比亚特区、堪萨斯、康涅狄格、肯塔基、马里兰、马萨诸塞、密苏里、密歇根、纽约、威斯康星、西弗吉尼亚、新泽西、伊利诺伊、印第安纳）。

寄主：胡桃属 *Juglans* spp.。

危害情况：为害胡桃属植物的嫩芽和果实。

形态特征：

成虫　体长 5.9～7.1mm；前胸、鞘翅和腹板红色至黑色；头部刻点密集均匀，稀被黄褐色刚毛；前胸刻点粗大、密集且不均匀，背面具两对瘤突，一对位于前胸背板中部，另外一对位于第一对瘤突和前胸背板基部之间；鞘翅肩圆且明显，鞘翅行间 3 的隆脊不连续，中间的隆脊明显高于其余两段隆脊，且长度为鞘翅近端部隆脊的两倍，行间 5 的隆脊较宽但略低于行间 3，行间 7 的隆脊均窄于行间 3 和 5；鞘翅翅坡的斜带相当明显且宽，通常由白色刚毛组成；腹板 1 的刻点细。

生物学特征：以成虫越冬。雌虫于 5 月中旬开始产卵，产卵一直持续到 8 月初。卵产于嫩芽上，通常单产，幼虫共五龄，幼虫期通常为 4～6 周，老熟幼虫掉落土中化蛹。

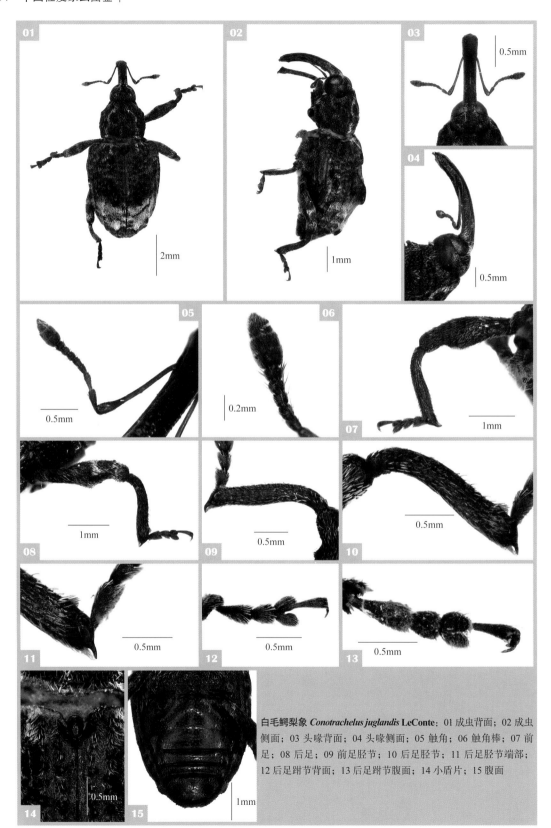

白毛鳄梨象 *Conotrachelus juglandis* LeConte：01 成虫背面；02 成虫侧面；03 头喙背面；04 头喙侧面；05 触角；06 触角棒；07 前足；08 后足；09 前足胫节；10 后足胫节；11 后足胫节端部；12 后足跗节背面；13 后足跗节腹面；14 小盾片；15 腹面

纳索鳄梨象 *Conotrachelus naso* LeConte

分类地位：鞘翅目 Coleoptera，象虫科 Curculionidae，魔喙象亚科 Molytinae，鳄梨象属 *Conotrachelus*

英文名：Larger acorn curculio

异名：*Conotrachelus cinereus* Van Dyke

分布：北美洲：美国（阿肯色、艾奥瓦、北卡罗来纳、宾夕法尼亚、得克萨斯、俄克拉何马、佛罗里达、弗吉尼亚、哥伦比亚特区、堪萨斯、路易斯安那、马里兰、密西西比、密歇根、明尼苏达、纽约、新泽西、伊利诺伊、印第安纳）。

寄主：山楂属 *Crataegus* spp.、星毛栎 *Quercus stellata*、弗吉尼亚栎 *Quercus virginiana*、白橡 *Quercus alba*、蒙大拿栎 *Quercus montana*、黑栎 *Quercus velutina*、短叶栎 *Quercus brevifolia*、北美红栎 *Quercus ruba*、英国栎 *Quercus pedunculata*、水栎 *Quercus nigra*、狄氏栎 *Quercus durandii*。

形态特征：

成虫　体长 4.8～6.6mm；前胸和鞘翅暗红色，鞘翅具浅色鳞片形成的斑点；雌虫喙细长，休止状态可达腹部前缘，触角着生于喙的近中部；雄虫喙略粗，休止状态仅达后胸腹板，触角着生于喙端部 1/4 处，索节 2 长于索节 1；前胸刻点密集，较浅，前胸背板具一中纵脊，隆脊两侧不具瘤突；鞘翅行间 3、5、7 和 9 的隆脊锐，完整；腹板刻点密集且深；腿节的齿很弱或缺失。

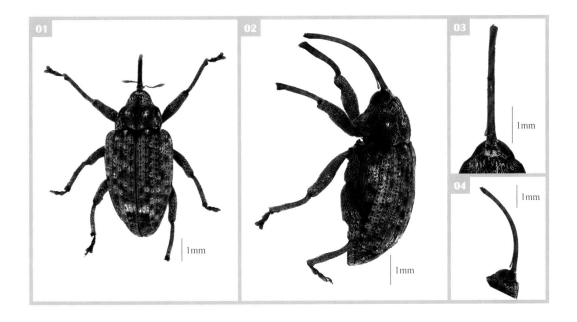

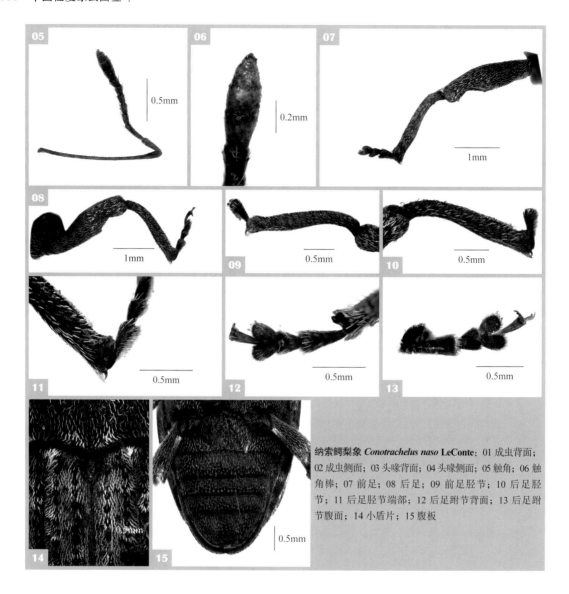

纳索鳄梨象 *Conotrachelus naso* LeConte：01 成虫背面；02 成虫侧面；03 头喙背面；04 头喙侧面；05 触角；06 触角棒；07 前足；08 后足；09 前足胫节；10 后足胫节；11 后足胫节端部；12 后足跗节背面；13 后足跗节腹面；14 小盾片；15 腹板

李象 *Conotrachelus nenuphar* (Herbst)

分类地位：鞘翅目 Coleoptera，象虫科 Curculionidae，魔喙象亚科 Molytinae，鳄梨象属 *Conotrachelus*

英文名：Plum curollio，Plum weevil

异名：*Curculio nenuphar* Herbst

分布：北美洲：加拿大、美国。

寄主：多种蔷薇科植物，包括树唐棣 *Amelanchier arborea*、加拿大唐棣 *Amelanchier canadensis*、樱桃（欧洲甜樱桃 *Prunus avium*，*Prunus cerasus*）、草莓属、苹果属、桃、梨、梅、*Prunus alleghaniensis*、*Prunus americana*，*Prunus maritima*，*Prunus*

pensylvanica、*Prunus pumila*、李 *Prunus salicina*、*Prunus serotina*、*Prunus virginiana* 和欧洲花楸 *Sorbus aucuparia*、榅桲 *Cydonia oblonga*、油桃及其他栽培和野生的核果类。除蔷薇科的主要寄主外，还在悬钩子属和越橘属上发现过。该虫有适应新的寄主的能力，可扩展寄主范围。

危害情况：李象是一种核果和仁果上的重要害虫。主要由成虫取食和产卵危害果实。成虫取食果皮，并在果皮下产卵，果实的表面会因成虫的取食和产卵形成疮疤甚至变得畸形，幼虫钻蛀果肉，可毁坏整个果实。大多数被害果实成熟前脱落，但这种现象常被因生理原因正常早期落果现象所掩盖。落果和幼虫取食果肉造成桃、李、樱桃严重减产，并造成果实变硬、结节、畸形，降低果品品质。成虫也取食叶片和花，但危害轻微。

形态特征：

成虫　体长约 5mm，暗棕色，喙长约为体长的 1/3，且非常弯曲。鞘翅后部有白色至灰色斑纹，并有 4 个明显的瘤状突起。

卵　椭圆形，白色，长约 0.6mm，宽约 0.35mm。

幼虫　白色，无足，头部褐色。成熟幼虫体长约 9mm，圆柱形，常弯曲呈 C 形。

蛹　白色，长 5mm 左右，在后眼处有黑色的斑点。

生物学特征：一年 1～2 代。以成虫在果园附近的灌木篱笆、废弃田块和落叶层中越冬。成虫在苹果开花季节出现，取食幼果、嫩芽及花。大多数李象的活动发生在花凋谢后的一段温暖的时期。成虫在果园的活动时间为 5～7 周。果实形成后，开始产卵。果实上的蛀食孔直径为 3mm，产卵孔为新月形，每产卵孔产卵一粒。每头成虫平均在果实上造成 100 个蛀食孔和产卵孔。7 天后卵孵化，初孵幼虫钻蛀果实。受害果实早熟且容易脱落，幼虫在落果和腐烂的果实上发育，14～16 天后幼虫进入离地表 10～15cm 的土壤中作蛹室化蛹，蛹期 10～12 天。7 月中旬、下旬成虫出现，并持续到 9 月初。9～10 月成虫开始寻找越冬场所。

传播途径：幼虫和成虫可以随樱桃、桃等果实而远距离传播。

检验检疫方法：检查为害症状。严禁从疫区调运樱桃、桃等水果。

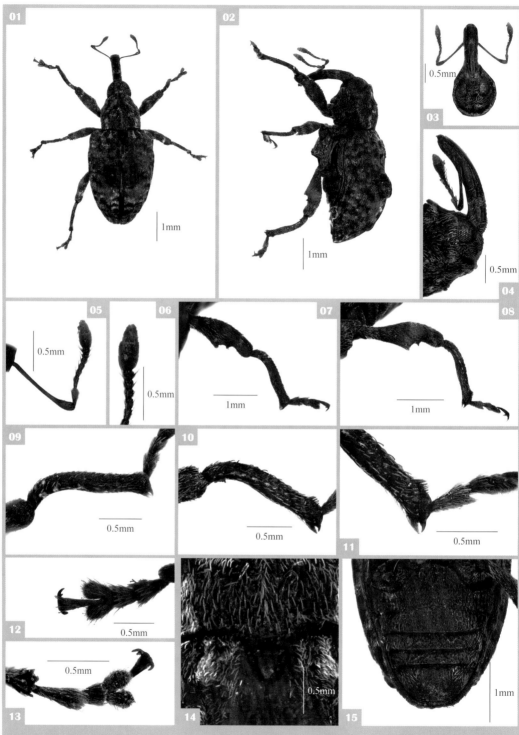

李象 _Conotrachelus nenuphar_ (Herbst)：01 成虫背面；02 成虫侧面；03 头喙背面；04 头喙侧面；05 触角；06 触角棒；07 前足；08 后足；09 前足胫节；10 后足胫节；11 后足胫节端部；12 后足跗节背面；13 后足跗节腹面；14 小盾片；15 腹板

胡桃鳄梨象 *Conotrachelus pecanae* Buchanan

分类地位：鞘翅目 Coleoptera，象虫科 Curculionidae，魔喙象亚科 Molytinae，鳄梨象属 *Conotrachelus*

分布：北美洲：美国（得克萨斯、路易斯安那）。

形态特征：

成虫　鞘翅和前胸黑色，部分深红褐色，被覆的白色或黄褐色鳞片在背面形成斑点，鞘翅翅坡之前有一个不十分明显的"V"形条带；头密布刻点，刻点在两眼之间略偏后的区域较大且深，彼此靠近形成褶皱，浅色鳞片密集、倒伏、截断形、细长；触角索节 1 长于索节 2，两节均长于索节 3；前胸刻点粗大且密集，彼此靠近形成褶皱，背面具 2 对瘤突，一对位于前胸背板中线两侧、中间靠前的位置，另外一对位于中间和基部之间，前胸无明显的隆脊；鞘翅行间 3、5、7、9 凸隆，具隆脊，行间 3 隆脊在鞘翅中部隆起程度最高；腿节齿较明显，后足胫节端部的钩向胫节背侧弯曲。

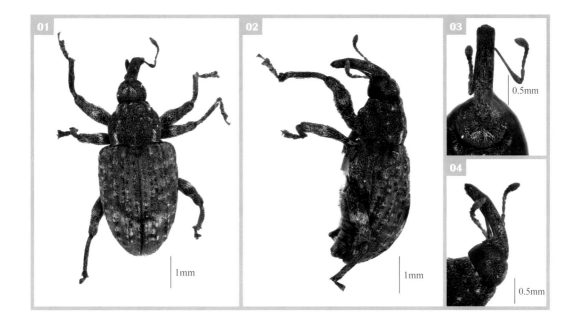

01　　　02　　　03　0.5mm　04　0.5mm
1mm　　1mm

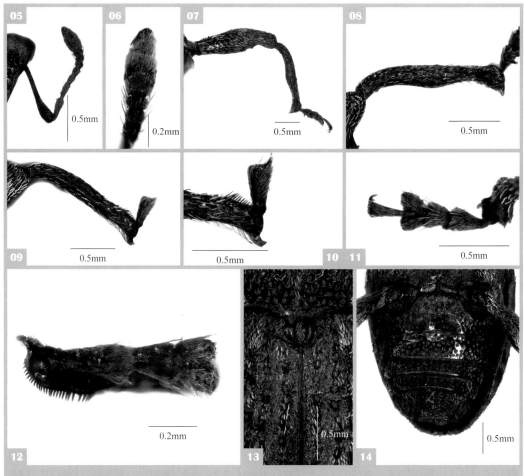

胡桃鳄梨象 Conotrachelus pecanae Buchanan：01 成虫背面；02 成虫侧面；03 头喙背面；04 头喙侧面；05 触角；06 触角棒；07 前足；08 前足胫节；09 后足胫节；10 后足胫节端部；11 后足跗节背面；12 后足跗节腹面；13 小盾片；14 腹板

脊翅鳄梨象 *Conotrachelus posticatus* Boheman

分类地位：鞘翅目 Coleoptera，象虫科 Curculionidae，魔喙象亚科 Molytinae，鳄梨象属 Conotrachelus

英文名：Smaller acorn curculio

分布：北美洲：美国（艾奥瓦、安大略、北卡罗来纳、宾夕法尼亚、得克萨斯、俄亥俄、俄克拉何马、佛罗里达、弗吉尼亚、哥伦比亚特区、堪萨斯、路易斯安那、罗德岛、马里兰、马萨诸塞、密苏里、密西西比、密歇根、南卡罗来纳、纽约、田纳西、西弗吉尼亚、新罕布什尔、新泽西、亚拉巴马、伊利诺伊、印第安纳、佐治亚）。

寄主：栎属 *Quercus* spp.、山楂属 *Crataegus* spp.。

形态特征：

成虫 体长 4.25～5.0mm；鞘翅深红褐色，

具黑色斑点，前胸通常比鞘翅颜色深；喙侧面具三条沟，触角着生于喙端部 1/4 处；前胸密布刻点，刻点较浅，前胸背板具一细的中纵脊；鞘翅行间 3、5、7 和 9 具隆脊，行间 3 的隆脊至翅坡处逐渐变平，雄虫鞘翅行间 1 和 2 通常具隆脊，明显，有时较行间 3 的隆脊更明显，雌虫鞘翅行间 1 具较完整的隆脊，行间 2 的隆脊不十分明显且不规则断开；后足腿节齿明显，雄虫前足胫节端部的钩长、尖锐。

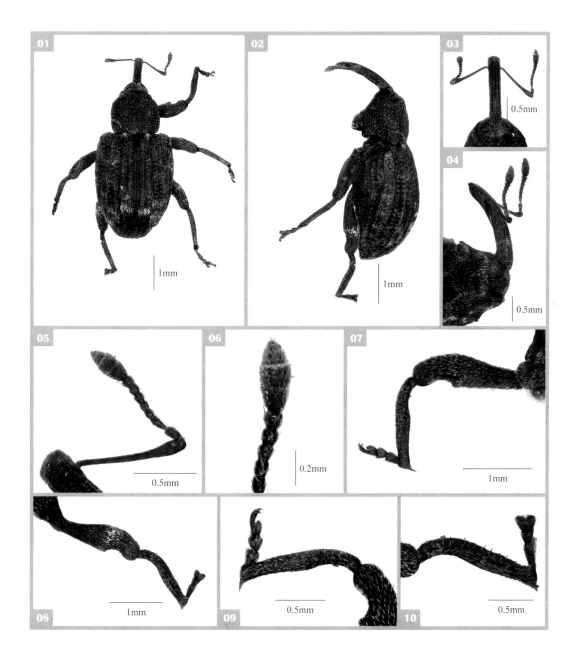

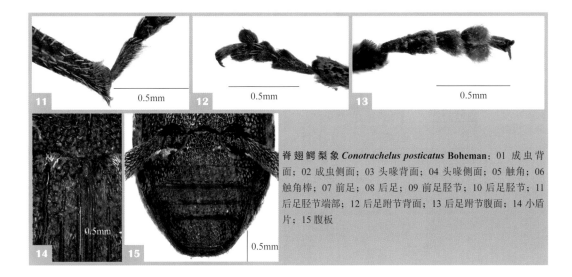

脊翅鳄梨象 *Conotrachelus posticatus* Boheman：01 成虫背面；02 成虫侧面；03 头喙背面；04 头喙侧面；05 触角；06 触角棒；07 前足；08 后足；09 前足胫节；10 后足胫节；11 后足胫节端部；12 后足跗节背面；13 后足跗节腹面；14 小盾片；15 腹板

梳鬃鳄梨象 *Conotrachelus recessus* (Casey)

分类地位：鞘翅目 Coleoptera，象虫科 Curculionidae，魔喙象亚科 Molytinae，鳄梨象属 Conotrachelus

异名：*Loceptes recessus* Casey；*Conotrachelus atokanus* Fall

分布：北美洲：美国（阿肯色、艾奥瓦、得克萨斯、俄克拉何马、堪萨斯）。

寄主：毛栎 *Quercus pubescens*、桃、梣叶槭（*Acer negundo*）。

形态特征：

成虫 体长 2.5～3.0mm；鞘翅红褐色，部分黑色，前胸黑色；头密布刻点，浅色鳞片密集、倒伏、截断形；触角索节 1 与索节 2、3 长度之和相等；前胸不具隆脊，无瘤突，密布截断形的鳞片，鳞片宽、倒伏；鞘翅行间 3、5、7 略凸隆，无明显的隆脊；鞘翅每一行间具一列半倒伏、向后弯曲的刚毛；腿节齿明显。

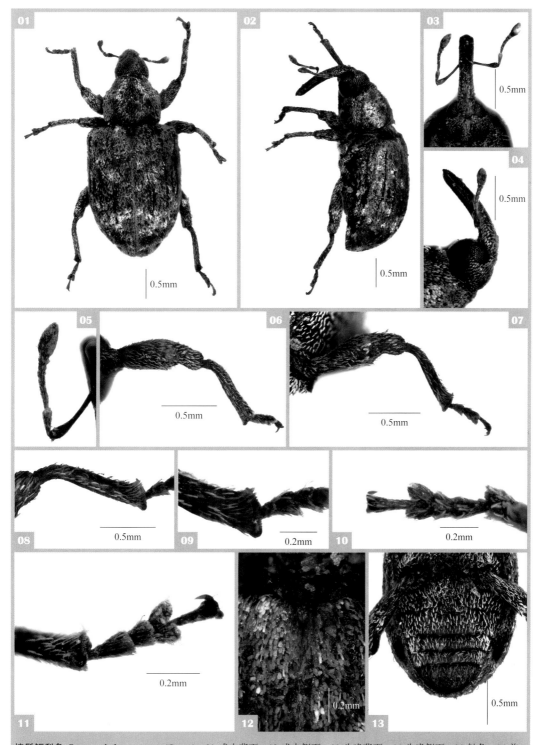

梳鬃鳄梨象 *Conotrachelus recessus* (**Casey**)：01 成虫背面；02 成虫侧面；03 头喙背面；04 头喙侧面；05 触角；06 前足；07 后足；08 后足胫节；09 后足胫节端部；10 后足跗节背面；11 后足跗节腹面；12 小盾片；13 腹板

黄褐鳄梨象 *Conotrachelus seniculus* LeConte

分类地位：鞘翅目 Coleoptera，象虫科 Curculionidae，魔喙象亚科 Molytinae，鳄梨象属 *Conotrachelus*

英文名：Amaranth curculio，chayote weevil

分布：北美洲：美国（阿肯色、艾奥瓦、北卡罗来纳、宾夕法尼亚、得克萨斯、俄亥俄、俄克拉何马、佛罗里达、弗吉尼亚、哥伦比亚特区、加利福尼亚、堪萨斯、肯塔基、路易斯安那、马里兰、密苏里、密西西比、内布拉斯加、南卡罗来纳、特拉华、田纳西、新泽西、亚拉巴马、亚利桑那、伊利诺伊、印第安纳）。

寄主：苋属 *Amaranthus* spp.。

危害情况：幼虫取食对苋属植物的根茎造成为害。

形态特征：

成虫　体长 3.7～5.0mm；前胸和鞘翅红色至黑色，前胸背板被覆的浅色鳞片在背面形成两条斜带，斜带从基部两侧向端部中间逐渐靠近；喙短，较粗壮，触角着生于喙近端部 1/3；前胸背板具中纵脊，刻点粗大、密集，在前胸背板中间之前、中隆脊两侧和斜带之间各有一个纵向的浅凹陷；鞘翅行间 3、5、7 和 9 隆脊不十分明显至略突出，行间 5 隆脊完整或中间断开 1～2 次；腹板 1 密布细小刻点，较腹板 3、4 的小；腿节具两个齿，靠近身体一侧的齿大于近端部的齿。

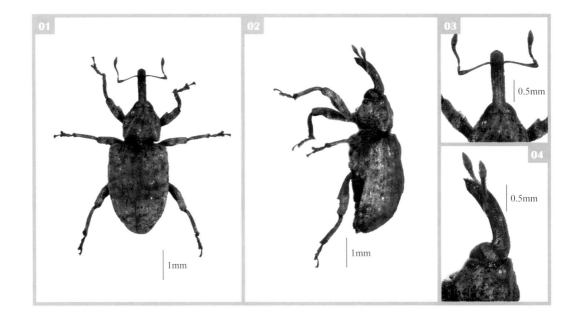

01　1mm

02　1mm

03　0.5mm

04　0.5mm

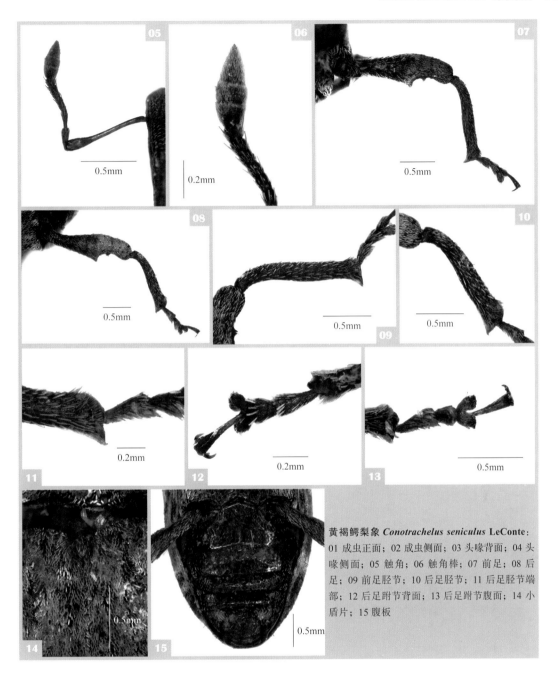

黄褐鳄梨象 *Conotrachelus seniculus* LeConte：
01 成虫正面；02 成虫侧面；03 头喙背面；04 头
喙侧面；05 触角；06 触角棒；07 前足；08 后
足；09 前足胫节；10 后足胫节；11 后足胫节端
部；12 后足跗节背面；13 后足跗节腹面；14 小
盾片；15 腹板

葡萄象属
Craponius LeConte, 1876

分类地位： 鞘翅目 Coleoptera，象虫科 Curculionidae，锥胸象亚科 Conoderinae

分类特征： 体壁铁锈色，鞘翅被覆稀疏的披针形鳞片，鳞片窄，排列成不连续的窄横带；喙较粗，通常长于其端部宽度的 3 倍，但通常不长于前胸背板；触角索节 7 节；眼小，彼此不靠近，额仅略窄于喙的基部；胸沟最多达到后胸腹板的中部，但在后胸腹板上的界限不清晰；前胸背板基部中间不向后突成尖刺状，不遮盖小盾片；前胸背板和鞘翅基部略呈拱形，隆起，具细圆齿；鞘翅长略大于宽；腿节简单不具齿，后足腿节明显粗于前足、中足腿节，胫节侧扁，外缘近基部呈角状，跗窝发达，跗节具两爪。

生物学概况： 幼虫主要为害葡萄属植物的种子、果实等，成虫取食植物的叶片、嫩茎以及果实等。

分布： 北美洲、亚洲（韩国）。

种类数量： 该属目前世界已记述 3 种，包括 1 种为害葡萄属植物的重要害虫，葡萄象 *Craponius inaequalis*（Say），该种原产于北美洲，目前已经入侵到韩国。

葡萄象 *Craponius inaequalis* (Say)

分类地位：鞘翅目 Coleoptera，象虫科 Curculionidae，锥胸象亚科 Conoderinae，葡萄象属 *Craponius*

英文名：Grape curculio

异名：*Ceutorhynchus inaequalis* Say

分布：亚洲：韩国（为入侵种）；北美洲：加拿大（安大略、魁北克）、美国（佛罗里达、密苏里、密西西比、新英格兰、佐治亚）。

寄主：主要为害葡萄属 *Vitis* spp. 植物。

危害情况：成虫取食葡萄叶片背面或嫩茎表面，在叶背面或果轴上形成曲折的"Z"形痕迹，也取食果实，并产卵于果实内。幼虫在葡萄内取食果肉和种子。取食痕在叶片上表面，为短、弯线状斑，通常呈团状。

形态特征：

成虫　体宽卵形，长约3.0mm，宽约2.5mm，深红棕色，被覆红棕色和白色条形细长鳞片，不成明显条状斑纹。喙细长，眼十分凸起。前胸背板、后胸腹板和鞘翅背面显著隆起。前胸背板基部最宽，为长的1.3倍，后缘饰细小锯齿，端部1/3缩窄显著，背面具纵向中沟，中沟两侧及外缘各具一对突起。小盾片可见。鞘翅心形，翅肩隆起，基部3/5两侧显著膨大，最宽处于翅肩后，宽略大于长，约为前胸背板宽的2倍；近端部两侧向翅坡迅速缩窄，端部钝，近平截；奇数行间3、5、7、9显著较偶数行间更宽更隆起；行纹波状，刻点大而深，直径近偶数行间的宽。腿节较短粗。

幼虫　无足、体黄白色，头褐色。

生物学特征：一年1代。以成虫在葡萄园或周围越冬，翌年春越冬成虫活动，25天后开始取食葡萄果实。在美国佐治亚州，6月中旬每天每头雌虫会在1～14颗葡萄中产卵，卵产于果皮下，产卵期长达78天，卵期约6天，幼虫历期约12天。幼虫取食果肉和种子，老熟幼虫从葡萄中爬出落到地面，在土壤中化蛹。蛹期约19天。夏末成虫羽化，取食葡萄叶片，逐渐进入越冬状态。

传播途径：成虫具一定飞行能力，可以卵、幼虫随葡萄果实调运作远距离传播。

检验检疫方法：检查葡萄果实表面有无取食孔洞或产卵孔，剖开果实检查有无卵、幼虫。

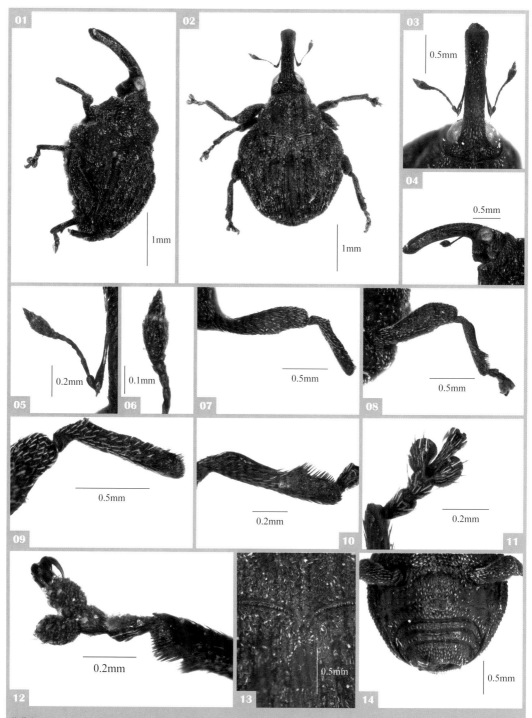

葡萄象 Craponius inaequalis (Say)：01 成虫背面；02 成虫侧面；03 头喙背面；04 头喙侧面；05 触角；06 触角棒；07 前足；08 后足；09 前足胫节；10 后足胫节；11 后足跗节背面；14 后足跗节腹面；13 前胸背板后缘和鞘翅基部；14 腹板

隐喙象属
Cryptorhynchus Illiger, 1807

分类地位： 鞘翅目 Coleoptera，象虫科 Curculionidae，魔喙象亚科 Molytinae

分类特征： 喙弯而长，不扁；头在眼的上缘正常，无浅洼，眼之间的距离略窄于喙基部；前胸两侧前缘具眼叶，休止时略遮住眼的下缘；前胸背板宽大于长，具细的中隆线，前胸腹面有胸沟，胸沟超过了中足基节前缘；小盾片具黑色绵毛；鞘翅短，端部缩成喙状，具金色鳞片束，在鞘翅上，黑色鳞片束排列成行；鞘翅行间 3 和 5 平坦或仅略隆起，无隆脊，具半直立至直立的深色宽鳞片形成的毛束或斑块；中胸腹板在中足基节之间平截形；腹板 1 在基节之后的部分至少和腹板 2 一样宽，腹板 1 和 2 之间的缝至少在两侧较深，腹板 2 长约等于 3；腿节中间最宽，腹面具两个齿，两齿相隔较远；胫节外缘不具隆脊，爪简单。

生物学概况： 隐喙象属寄主植物多样性较高，主要有杨柳科 Salicaceae、豆科 Fabaceae、橄榄科，幼虫主要在木质部和韧皮部之间环绕树干蛀食为害，导致树木枯死或遇风折断。

分布： 该属昆虫属于世界性分布，多数种类分布于新热带区，古北区和东洋区种类较少，非洲区种类最少。

种类数量： 目前中美洲已记述种类为最多，超过 120 种；北美洲已记述 5 种；古北区已记述 8 种，中国已知 1 种。

杨干象 *Cryptorhynchus lapathi* (Linnaeus)

分类地位： 鞘翅目 Coleoptera，象虫科 Curculionidae，魔喙象亚科 Molytinae，隐喙象属 *Cryptorhynchus*

英文名： Poplar and willow borer，Osier weevil

异名： *Curculio albicans* Goeze；*Curculio albicans* Gmelin；*Curculio albicaudis* DeGeer；*Cryptorhynchus alpinus* Fügner；*Cryptorhynchus alpinus* Stierlin；*Curculio lapadi* Goeze；*Curculio trimaculatus* Panzer；*Cryptorhynchus verticalis* Faust

分布： 亚洲：朝鲜、俄罗斯（东西伯利亚、西西伯利亚、远东地区）、哈萨克斯坦、韩国、日本、中国（甘肃、河北、黑龙江、湖南、吉林、辽宁、内蒙古、山西、陕西、四川、台湾、新疆）；北美洲：加拿大、美国；欧洲：爱尔兰、爱沙尼亚、奥地利、白俄罗斯、保加利亚、比利时、波黑、波兰、丹麦、德国、俄罗斯、法国、芬兰、荷兰、捷克、克罗地亚、拉脱维亚、立陶宛、卢森堡、罗马尼亚、挪威、葡萄牙、瑞典、瑞士、斯洛伐克、西班牙、匈牙利、意大利、英国。

寄主： 各种杨柳科植物，主要是杨树，包括中东杨 *Populus ×berolinensis*、加杨 *Populus × canadensis*、小叶杨 *Populus simonii*、小青杨 *Populus pseudosimonii*、北京杨 *Populus beijingensis*、加青杨 *Populus canadensis × cathagana*、健杨、旱柳 *Salix matsudana*、黄花柳 *Salix caprea* 等。此外还为害白桦、桤木。

危害情况： 该虫是中国东北杨柳的毁灭性害虫。幼虫在木质部和韧皮部之间环绕树干蛀食为害，导致杨柳枯死或折断。被害率有时竟达 100%。

形态特征：

成虫　长椭圆形，体长 5～8mm。体壁黑色，被覆覆瓦状圆形黑色鳞片，惟下列部分被覆白色或黄色鳞片：前胸两侧和腹面，鞘翅肩部的一个斜带和端部 1/3。前胸中间以前有排成一列的三个黑色直立鳞片束，鞘翅行间 3、5、7 各具一行同样的鳞片束。腿节黑色，中间具白色环，跗节红褐色，触角暗褐色。头部球形，密布刻点，头顶中间具略明显的隆线。喙弯，略长于前胸，触角基部以后密布互相连合的纵列刻点，具中轴线，触角基部以前散布分离的小而稀的刻点。触角柄节末达到眼，索节 1、2 长约相等，触角棒倒长卵形，密布绵毛，眼梨形，略凸出。前胸背板宽大于长，中间最宽，向后或略缩窄，向前猛缩窄，散布大刻点，中隆线细。小盾片圆。鞘翅前端 2/3 平行，端部 1/3 逐渐缩窄，肩胝明显，行纹刻点大，各具一鳞片，行间扁平，宽于行纹。腿节具齿两个，胫节直，外缘具隆线。雄虫腹板 1 中间具沟。

卵　乳白色，椭圆形。

幼虫　老熟幼虫长 9mm，弯曲呈马蹄形，乳白色，头部黄褐色。全体疏生黄色短毛。

蛹　乳白色，长 8～9mm。腹部背面散生许多小刺，在前胸背板上有数个凸出的刺，腹部末端具一对向内弯曲的褐色几丁质小沟。

杨干象与其他种类的主要区别在于其鞘翅行纹的刻点非常大且深，多数刻点和旁边

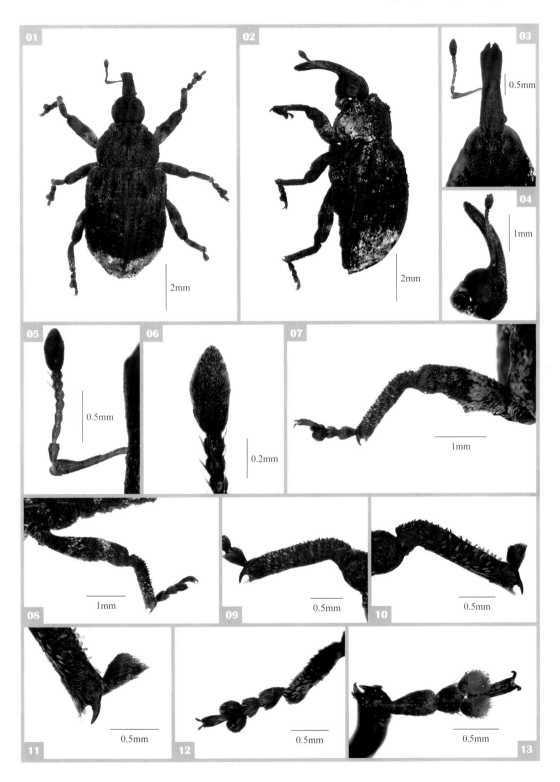

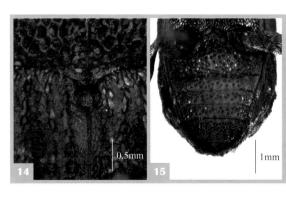

杨干象 *Cryptorhynchus lapathi* (Linnaeus)：01 成虫背面；02 成虫侧面；03 头喙背面；04 头喙侧面；05 触角；06 触角棒；07 前足；08 后足；09 前足胫节；10 后足胫节；11 后足胫节端部；12 后足跗节背面；13 后足跗节腹面；14 小盾片；15 腹板

的行间宽度近相等，有些甚至宽于相邻的行间；鞘翅端部 1/3 被覆白色鳞片，和鞘翅其他部分被覆的深色鳞片对比明显；腿节具两个大的齿，彼此分离较远；腹板 5 平坦，不具瘤突。

生物学特征：一年 1 代，欧洲大部分地区一年 2 代，以卵或初龄幼虫越冬。4 月下旬越冬幼虫开始活动，越冬卵孵化后先在韧皮部与木质部之间蛀道危害，于 6 月中旬钻入木质部化蛹，6 月下旬至 7 月上旬羽化成虫。成虫出现后经过补充营养于 7 月下旬至 8 月上旬交尾产卵，卵多产在 5～9mm 粗的枝干的叶痕、皮孔或裂缝的木栓层中。产卵时先用上颚咬一马蹄形刻痕，然后转身产卵一粒于刻痕中间的木质部与韧皮部之间。每刻痕中产卵 1 粒，并排泄黑色分泌物将产卵孔封住。每雌虫平均产卵 44 粒。卵期差异很大，8 月中旬产下的卵，卵期平均 12 天；而 9 月上旬产的卵，卵期平均 22 天；后期产下的卵直到第二年春季才孵化。成虫寿命平均 85 天，雄虫寿命平均 63 天，个别雌虫第二年才死去。

传播途径：人为调运携带有越冬卵或初孵幼虫的苗木或新采伐的带皮原木是远距离传播的主要方式。杨干象成虫飞行能力差，自然扩散靠成虫爬行。

检验检疫方法：严格检验从疫区调运的杨柳苗木、小径木、原木等。

象虫属
Curculio Linnaeus, 1758

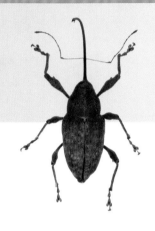

分类地位： 鞘翅目 Coleoptera，象虫科 Curculionidae，象虫亚科 Curculioninae

分类特征： 身体粗壮，从鞘翅的肩向前后两端多少缩成菱形，被覆细长针状鳞片；上颚着生于喙端部口腔的背面，上下活动；多数种类雌雄区别明显，雌虫的喙一般较长较弯，触角着生于喙的近中部，体型较大，腹部 1、2 节较隆，末节略洼，端部圆，臀板几乎不露出，具短毛；雄虫的喙较短而粗，触角着生于喙的近端部，腹部 1、2 节洼，末节较洼，端部往往光滑；前足基节互相接触，腿节有齿。

生物学概况： 象虫属昆虫严重为害壳斗科栗属 *Castanea* 和栎属 *Quercus* 植物、桦木科的榛属 *Corylus* 植物、山茶科的油茶 *Camellia oleifera* Abel. 等的种子。一年发生 1 代或两年发生 1 代。

分布： 该属种类几乎为世界性分布。

种类数量： 种类数量众多，目前古北区已记述种类 164 种，中国已知种类 110 种。

欧洲栗象 *Curculio elephas* (Gyllenhal)

分类地位：鞘翅目 Coleoptera，象虫科 Curculionidae，象虫亚科 Curculioninae，象虫属 *Curculio*

英文名：Chestnut weevil

异名：*Balaninus mastodon* Jekel

分布：亚洲：塞浦路斯、土耳其、以色列；非洲：阿尔及利亚、摩洛哥、突尼斯；欧洲：奥地利、保加利亚、比利时、波黑、波兰、德国、俄罗斯、法国、荷兰、捷克、克罗地亚、卢森堡、罗马尼亚、摩尔达维亚、瑞士、斯洛伐克、西班牙、希腊、匈牙利、意大利。

寄主：栗属 *Castanea* spp.、栎属 *Quercus* spp.，包括欧洲板栗 *Castanea sativa*，*Castanea vesca*，欧洲栓皮栎 *Quercus suber*，夏栎 *Quercus robur*。

危害情况：主要由成虫取食幼果基部和幼虫取食成熟果实造成危害。成虫可以致使 20% 的果实提前脱落，幼虫造成的危害占总损失的 90%。幼虫取食消耗了种子大部分的营养物质，大大降低了种子的生命力，阻碍栗树和橡树林的再生。

形态特征：

成虫 体长 6～9mm，被覆棕色鳞片，多黄色斑纹；喙细长，强烈弯，雌虫的喙与虫体等长，为雄虫喙长的 2 倍。

幼虫 长 15mm，无足，粗壮，弯曲，乳白色，头部棕色。

生物学特征：以幼虫越冬。6 月底，越冬的幼虫在土壤中化蛹，成虫出现于 8 月中旬至 9 月底，取食一周后，雌虫在成熟栗子或橡果上咬一小孔，在其中产卵一粒或多粒，可以连续产卵几周，前 10 天中平均每天产卵 2 粒。每雌平均产卵 40 粒。卵期和幼虫期需要 35～40 天。通常每果实中有幼虫 1～2 头，幼虫取食果肉，并在果内发育，然后老熟幼虫钻孔出果实，进入地表 7～8mm 的土壤中筑土室越冬。幼虫在 1～3 年后化蛹，其中 59% 的幼虫在来年化蛹，37% 需要滞育 2 年，还有 4% 需要滞育 3 年才化蛹。偶有在栗果中化蛹及羽化的现象。

传播途径：卵、幼虫随果实传播，蛹可以随土壤传播。成虫具有一定的飞行能力，可以通过飞行作短距离传播。

检验检疫方法：严禁从疫区调运栗子和橡树果实。

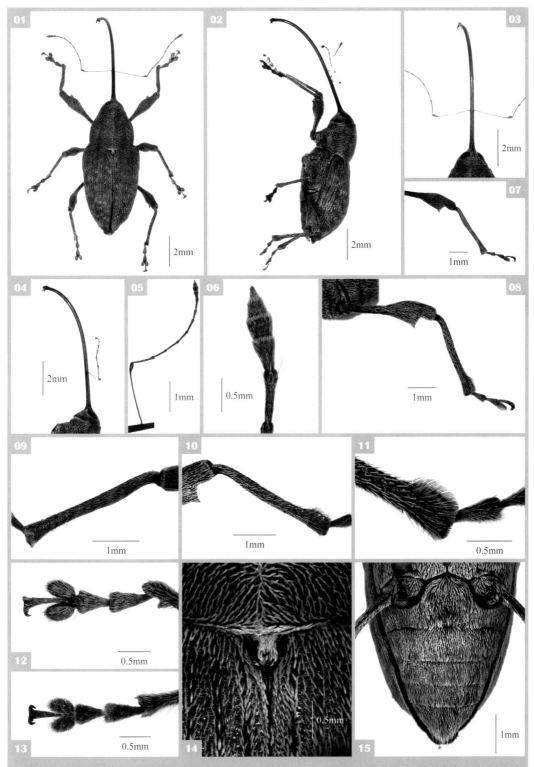

欧洲栗象 *Curculio elephas* (Gyllenhal)，**雌虫**：01 成虫背面；02 成虫侧面；03 头喙背面；04 头喙侧面；05 触角；06 触角棒；07 前足；08 后足；09 前足胫节；10 后足胫节；11 后足胫节端部；12 后足跗节背面；13 后足跗节腹面；14 小盾片；15 腹板

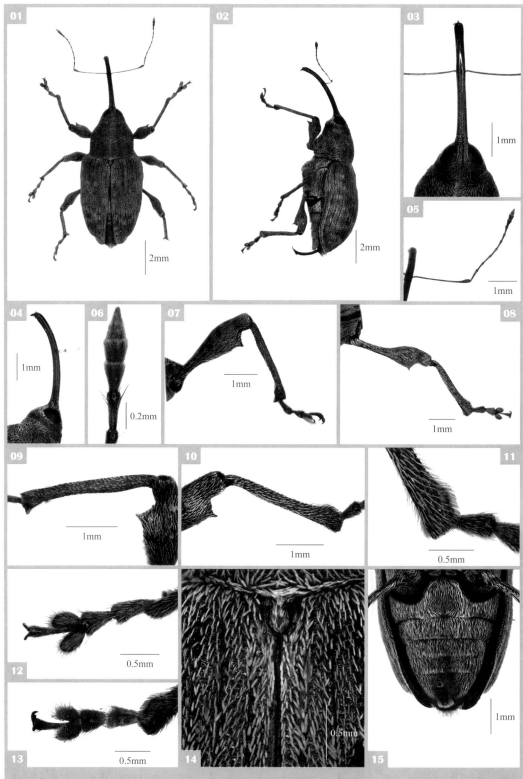

欧洲栗象 *Curculio elephas* (Gyllenhal)，雄虫：01 成虫背面；02 成虫侧面；03 头喙背面；04 头喙侧面；05 触角；06 触角棒；07 前足；08 后足；09 前足胫节；10 后足胫节；11 后足胫节端部；12 后足跗节背面；13 后足跗节腹面；14 小盾片；15 腹板

非耳象属
Diaprepes Schoenherr, 1823

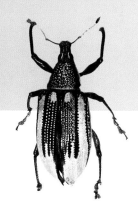

分类地位： 鞘翅目 Coleoptera，象虫科 Curculionidae，粗喙象亚科 Entiminae

分类特征： 体型中到大型，体长 6.0～22.0mm；上颚具颚疤；喙背面通常具隆脊或中沟，触角沟位于喙的侧面；触角柄节长，达到眼或超过眼的前缘，触角索节 2 延长，通常至少为索节 1 长度的 2 倍，索节 3 也略延长；眼长卵形，略凸隆，在头的近背面略接近；前胸前缘两侧直，在眼下方具一排细长的纤毛，纤毛指向眼；鞘翅的肩发达，近方形，鞘翅基部略向前突出；前足胫节端部具钩，通常所有胫节内缘具齿，后足胫窝关闭，爪离生。

生物学概况： 主要为害柑橘类、甘蔗、木薯、玉米、红毛丹树等。

分布： 主要分布在加勒比海地区，北美洲、中美洲、西印度群岛等。

种类数量： 该属目前世界已记述 16 种，美国东南部佛罗里达州已记述的仅 1 种——为害柑橘类植物等的蔗根象 *Diaprepes abbreviata*（Linnaeus）。

蔗根象 *Diaprepes abbreviata* (Linnaeus)

分类地位: 鞘翅目 Coleoptera，象虫科 Curculionidae，粗喙象亚科 Entiminae，非耳象属 *Diaprepes*

英文名: Diaprepes root weevil，Citrus weevil，West Indian weevil，Sugarcane rootstalk borer weevil，West Indian sugarcane root borer

异名: *Exophthalmus abbreviatus*；*Curculio abbreviatus* Linnaeus，1758；*Diaprepes festivus*（Fabricius，1792）；*Diaprepes irregularis*（Panzer，1798）；*Diaprepes quadrilineatus*（Olivier，1807）

分布: 北美洲：安提瓜岛和巴布达岛、巴巴多斯岛、波多黎各、多米尼加、格林纳达、古巴、瓜德罗普岛、海地、马提尼克岛、美国（佛罗里达、密西西比河）、蒙特塞拉特岛、圣卢西亚岛、特立尼达和多巴哥、牙买加；南美洲：法属圭亚那地区。

寄主: 主要为害柑橘类、甘蔗、木薯、玉米、红毛丹树；次要寄主有番石榴、巴豆、咖啡、豌豆、鳄梨、甘薯、高粱属植物、花生、利马豆、四季豆、胡椒、茄子、可可、杧果、木棉、蓖麻、扁豆属植物、棉花、香蕉、苹果、龙眼、赤铁科植物、棕榈、马铃薯、芹菜等。野生寄主为李、百合、愈疮木、冬青树、刺柏属植物、竹芋、古巴桃花心木、大叶桃花心木、苏里南樱桃、巴西胡椒、新加坡杏、西班牙雪松、枇杷、红树林等。

危害情况: 在亚热带和热带的美国和几个加勒比岛屿国家，蔗根象是一种重要的柑橘和甘蔗害虫。危害时期主要集中在开花期、结果期和植物生长期，主要取食花、叶、根，造成叶片枯黄或枯死、根部皮层软腐、植株矮小。

主要由幼虫取食甘蔗和柑橘的根造成为害，导致甘蔗整株枯萎和柑橘植株褪色和矮小。甘蔗严重受害变矮小，一些内部充满虫粪的茎秆将枯萎死亡，基部受害的茎秆会在强风或机械收割时折断。幼虫经常以环带的方式危害幼小柑橘的根，阻止其对水分和养料的吸收，同时也方便了真菌的入侵。仅一头幼虫即可致死一株幼寄主，而多头幼虫可使较大寄主植物长势衰弱。成虫取食叶片，顺着新叶边缘，形成典型的"V"形缺刻。除非成虫大量取食，否则对柑橘类和甘蔗无太大的影响。

形态特征:

成虫 体长 10~20mm，黑色，触角和足暗红褐色。触角索节第 2 节很长。头狭小，在眼的周围有细条形浓密金属绿色或白色鳞片，横向从眼中央到眼侧缘下具有宽阔的相似黄色鳞片，喙中央和近中央有隆线，顶端向下倾斜，不通过纹或沟从额分开，触角窝弯曲，倾斜。眼大，椭圆形，微往外凸。前胸背板多皱纹，点缀有绿色鳞片，有横向乳白色宽带条纹。小盾片明显。翅鞘有明显的肩，被浓密金属绿色或白色鳞片，裂缝基部和侧缘黄色，每一翅鞘有 5 个黑色无毛突起。胫窝开放，跗节很长，爪 1 对，离生。

卵 长约 1.2mm，宽约 0.4mm，光滑，亮白色，卵形或椭圆形。新产的卵均为白色，但一或两天内在卵的两端均出现一个清晰的空

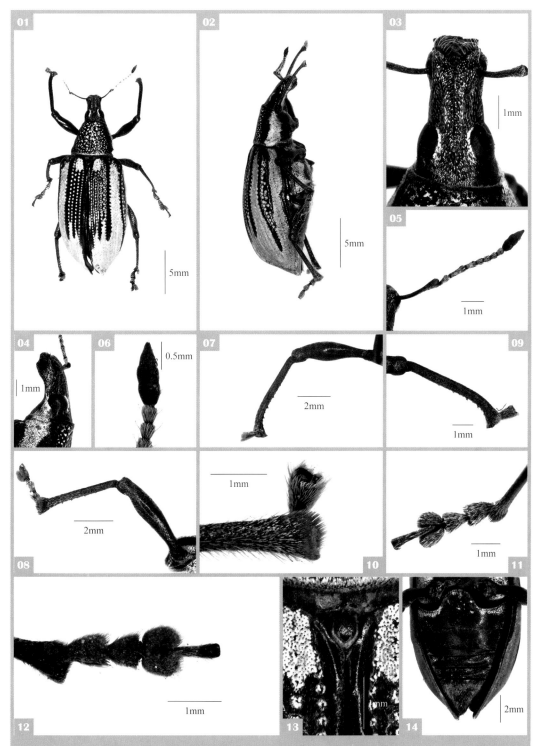

蔗根象 *Diaprepes abbreviata* (Linnaeus)：01 成虫背面；02 成虫侧面；03 头喙背面；04 头喙侧面；05 触角；06 触角棒；07 前足；08 后足；09 前足胫节；10 后足胫节端部；11 后足跗节背面；12 后足跗节腹面；13 小盾片；14 腹板

腔。孵化前，空腔消失，颜色呈褐色，内部幼虫的口器可见。每卵块含卵30～264粒（通常为60粒），单层排列，不规则。

幼虫　长1.5～2.5cm，白色，无足。头部黄白色，体表具小而密的微刺，尤其在前5节和最后2节腹节上更是密集，其他各节上的微刺被细皱纹代替。

生物学特征：成虫羽化后3～7天即产卵。成虫产卵时用黏性分泌物粘住叶片，将卵产于卷叶内或两叶之间，形成卵块。每雌可产卵5000粒。卵在7天内几乎全部孵化。初孵幼虫在叶片掉落前以极快的动作越过叶面，它们通常不立即钻入地下，而继续留在土壤表面几天时间。初孵幼虫钻入地下后取食须根，但3龄和4龄幼虫经常挖洞钻入未萌发的玉米粒。蜕皮6～16次。老熟幼虫在地下作土室化蛹。刚羽化的成虫在蛹室里至少呆11天左右。成虫从蛹中出现，具有一对临时的下颚，当它们通过地道时下颚折断。成虫出土后在寄主植物上聚集，并在树叶上交配。成虫不善于飞行，但能从一棵树飞到另一棵树。该虫在柑橘类刚萌发的叶片和甘蔗叶片上容易生存。

传播途径：主要由带土寄主植物和（或）土壤的调运进行远距离传播。通过成虫飞行可以进行短距离传播。

检验检疫方法：检查寄主植物是否有被为害症状，或各虫态的蔗根象，尤其注意寄主植物根部和携带的土壤，并注意检查运输工具的缝隙、角落中残留的土壤。

桉象属
Gonipterus Schoenherr, 1833

分类地位： 鞘翅目 Coleoptera，象虫科 Curculionidae，粗喙象亚科 Entiminae

分类特征： 体壁黑色至黑褐色，被覆较细长的鳞片，鳞片端部截断形；喙短粗，触角着生于喙近端部，触角沟深，在眼前下弯，触角索节 7 节，索节 7 毛被与其余索节相近，与触角棒区分明显；前胸背板近梯形，端部窄于基部；鞘翅基部波曲状，肩发达，近基部最宽，行纹较细，刻点小、圆且深，行间平坦，远宽于行纹；小盾片大，舌状，密被细长的鳞片；腹板密被鳞片，腹板 1、腹板 2 长度近相等，远长于腹板 3、腹板 4 之和；腿节不具齿，胫节内缘具齿。

生物学概况： 该属昆虫成虫和幼虫均在叶片外部为害，主要为害桉树 *Eucalyptus* spp.，在澳大利亚本土不是重要害虫，但是在其入侵地是对桉树造成重要危害的食叶害虫。

分布： 原产于澳大利亚、塔斯马尼亚岛，在新西兰、阿根廷、巴西、乌拉圭、南非、法国、西班牙、葡萄牙、意大利、北美洲也有少数种类分布，但均为入侵种。

种类数量： 目前世界已记述种类 21 种，包括多种重要害虫，如桉象 *Gonipterus scutellatus* Gyllenhal 和 *Gonipterus platensis* Marelli 均已入侵到大洋洲之外的其他国家。

桉象 *Gonipterus scutellatus* Gyllenhal

分类地位：鞘翅目 Coleoptera，象虫科 Curculionidae，粗喙象亚科 Entiminae，桉象属 *Gonipterus*

英文名：Eucalyptus snout beetle，Eucalyptus weevil，gumtree weevil，snout beetle

异名：*Dacnirostatus bruchi* Marelli

分布：北美洲：美国（加利福尼亚）；南美洲：阿根廷、巴西、乌拉圭、智利；非洲：津巴布韦、肯尼亚、马达加斯加、马拉维、毛里求斯、莫桑比克、南非、圣赫勒拿、斯威士兰、乌干达；欧洲：法国、意大利；大洋洲：澳大利亚（昆士兰东部和东南部、南澳、塔斯马尼亚、维多利亚）、新南威尔士、新西兰。

寄主：各种桉属植物，其中危害最严重的种类有赤桉 *Eucalytus camaldulensis*、蓝桉 *Eucalytus globulus*、直杆蓝桉 *Eucalytus maidenii*、斑叶桉 *Eucalytus punctata*、沼泽桉 *Eucalytus robusta*、谷桉 *Eucalytus smithii*、多枝桉 *Eucalytus viminalis*。

危害情况：该虫在澳大利亚本土非重要害虫，但在世界其他地区是桉树上重要的食叶害虫。桉象大量取食叶片、花芽和嫩枝，最终致使树枝甚至植株枯死。成虫嗜好新梢叶片和嫩叶，导致新梢顶端枯死，副梢发育成丛生，连续食叶产生僵枝和鹿角状。成虫沿叶缘取食，形成特殊的扇贝形。幼虫严重为害叶片，孵化后即钻蛀叶片，然后取食叶片表面，被取食的叶片仅剩下叶脉。在毛里求斯于1940年首次发现该象虫，1944年便发现它严重危害多枝桉。但在2年的时间内，用卵寄生蜂 *Anaphes nitens* 便成功地降低了它的危害，使它成为一种偶发性的局部害虫。

形态特征：

成虫　体长 12～14mm，灰色到红棕色，鞘翅上有浅的横向色带。

卵　卵块长约 3mm，宽 1.5mm，高 2mm，豆荚状或囊状，其内垂直排列 8～10 粒黄白色卵，附在叶片的表面和背面。

幼虫　圆胖，无足，蛞蝓状，黄绿色，具黑色斑纹，身体两侧各有一条黑色斑线。老熟幼虫体长约 10mm，通常体后有一条特殊的由排泄物形成的细丝。

生物学特征：一年 2～4 代。以成虫在树皮下越冬，翌年春天出现并产卵。卵块产于叶片上，雌虫可交配几次，在约 91 天的成活期中持续产卵。每卵块含卵十几粒，每雌可产 21～33 个卵块。幼虫早期钻蛀叶片，后期在叶表取食，然后落到地面化蛹。蛹室离地面约 5cm。幼虫期 4～5 周，蛹期 3～4 周，从卵到成虫完成一个世代需要 8～12 周。在实验条件下，成虫羽化后 4～9 天交配，13～21 天后开始产卵。

传播途径：成虫、幼虫、卵可随繁殖材料传播，幼虫还随土壤传播。通过成虫飞行进行短距离传播。

检验检疫方法：检查危害症状。

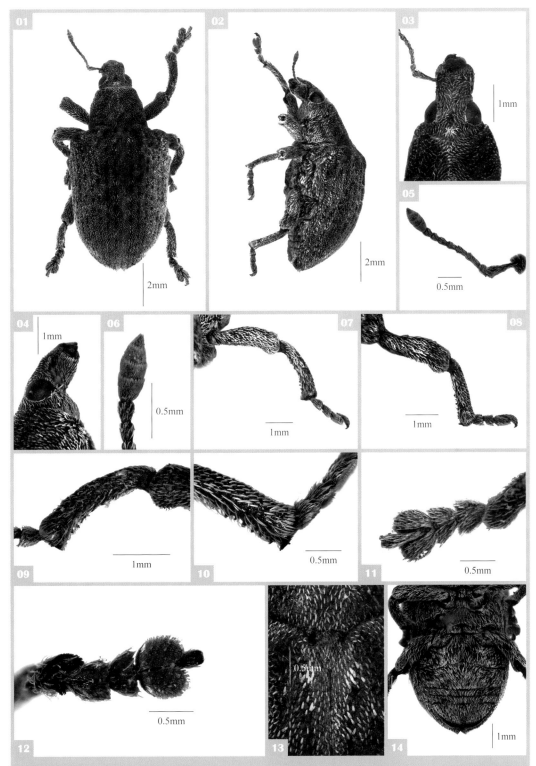

桉象 *Gonipterus scutellatus* **Gyllenhal**：01 成虫背面；02 成虫侧面；03 头喙背面；04 头喙侧面；05 触角；06 触角棒；07 前足；08 后足；09 前足胫节；10 后足胫节端部；11 后足跗节背面；12 后足跗节腹面；13 小盾片；14 腹板

树皮象属
Hylobius Germar, 1817

分类地位：鞘翅目 Coleoptera，象虫科 Curculionidae，魔喙象亚科 Molytinae

分类特征：体型较大，体壁黑褐色或红褐色；体长椭圆形，两侧近平行；喙长大于宽，喙的背面无沟，不与头连成一体；索节 7 接近棒节，几乎构成棒节的一部分，眼位于头的两侧而向背面扩张；前胸两侧前缘具眼叶，眼叶发达；鞘翅肩明显，鞘翅基部不向前突出；在中足基节之后，后胸腹板无横沟；后足基节间的突起宽而凸；雄虫腹板 1 略洼，腹板 5 后端具光滑的洼；爪简单。

生物学概况：树皮象属成虫和幼虫主要为害松柏科植物，主要是松属 *Pinus*、冷杉属 *Abies*、落叶松属 *Larix* 以及云杉属 *Picea* 的植物。幼虫一般钻蛀为害植物的根部、树干下部的树皮或形成层，形成隧道，在其中取食周围的组织，导致植物的树脂不同程度外流。成虫常常取食树皮或危害树冠上的幼嫩枝条，造成疤痕并流出大量的树脂，进而造成枯梢甚至树木死亡。

分布：古北区、北美洲、大洋洲。

种类数量：目前世界已知超过 40 种，其中北美洲已记述 8 种，古北区已记述 32 种，中国已知 15 种。该属包括多种重要害虫，如苍白树皮象 *Hylobius pales*（Herbst）、在美国和加拿大对森林造成严重破坏的 *Hylobius congener* Dalla Torre、*Hylobius pinicola*（Couper）、*Hylobius radicis* Buch 等。

苍白树皮象 *Hylobius pales* (Herbst)

分类地位： 鞘翅目 Coleoptera，象虫科 Curculionidae，魔喙象亚科 Molytinae，树皮象属 *Hylobius*

英文名： Pales weevil

分布： 北美洲：加拿大（从马尼托巴到新斯科舍）、美国（东部）。

寄主： 针叶类植物，常见的寄主包括松树、云杉、冷杉、黄杉、铁杉、杜松、落叶松和西洋杉等。

危害情况： 濒死的树苗和死亡的树枝是遭受苍白树皮象为害的首要迹象。成虫严重危害松树幼苗，造成幼松及圣诞树死亡。生长于新砍伐松树树桩或老根系中的苍白树皮象侵害新种植幼苗，取食树皮，成虫树皮上的不规则的小痕迹是危害的特征。危害严重时，它能使一圈树皮脱落，致使寄主枯萎或死亡。美国南部地区幼松第一年的死亡率普遍为 30%～60%，甚至可达 90%。

形态特征：

成虫　体长 7～12mm，椭圆形，深红棕色，鞘翅和前胸具细长的黄色、白色或灰色纤毛形成的毛簇，在鞘翅中部之后具两个斜向并且交叉的带状条纹。喙长且粗，圆锥形，稍弯曲。小盾片宽，端部近舌状，被覆黄色细长的鳞片。鞘翅行纹宽，刻点长方形，行间平坦，行间宽于行纹。前胸略洼，胫节不扩大。

卵　珍珠白色，长 1.25mm。

幼虫　白色，无足，头浅棕色，5 龄、6 龄时，体长 12mm。

蛹　蛹室长 15mm，直径 6mm。

苍白树皮象与同属的 *Hylobius congener* 较为接近，与后者的主要区别在于其小盾片被浅黄色绒毛，后足腿节无脊和凹槽，前足胫节无白色长缘毛，后足胫节端刺宽圆或尖。

生物学特征： 以成虫在松树周围的落叶或土壤中越冬。早春成虫出现，取食刚砍伐的树桩或残枝的树皮及小树的茎秆。成虫交配和取食均发生在晚上，白天则休憩于落叶层中、伐木下、茎秆周围及小树基部。成虫一直取食到 7 月开始产卵，卵逐粒产于新砍伐的树桩或遭到破坏的树上。2 周后卵孵化，幼虫在韧皮部和边材之间钻孔，虫道不规则并深入树皮内层。幼虫共 5～6 龄。虫道末端有一蛹室，长 15mm，宽 6mm。蛹室位于树皮内或边材的外表层或在边材里面。蛹期约一个月，成虫 9 月出现，寿命长，在美国至少有一次由成虫越冬，也有越冬两次，并可连续产卵。

传播途径： 卵、幼虫、蛹可以随苗木、木质包装材料和垫木的运输作远距离传播。

检验检疫方法： 主要检查危害症状。

苍白树皮象 *Hylobius pales* **(Herbst)**：01 成虫背面；02 成虫侧面；03 头喙背面；04 头喙侧面；05 触角；06 前足；07 后足；08 前足胫节；09 后足胫节端部；10 后足跗节背面；11 后足跗节腹面；12 小盾片；13 腹板

文象属
Involvulus Schrank, 1798

分类地位： 鞘翅目 Coleoptera，卷象科 Attelabidae，齿颚象亚科 Rhynchitinae

分类特征： 体壁黄褐色、绿色、黑褐色、深蓝色至黑色，有蓝色、红绿色或青铜色金属光泽，被覆细长的刚毛；喙中等大小或较长，略弯，刻点较密集；雄性触角着生于喙的中部或中部之前，雌性触角着生于喙的中部或中部之后；眼中等大小，凸隆，雄性的眼更凸隆；额宽，多少具刻点；头在眼后不狭缩；头顶凸隆，具刻点；触角较长，索节较粗，触角棒明显粗于索节，末节端部略尖；前胸背板宽大于长，两侧凸圆，背面凸隆，具刻点；小盾片近方形；鞘翅近长方形，中部最宽，肩相当发达，行间宽、平坦、具刻点，行纹明显，行纹刻点粗大或较小；腹部凸隆，腹板 1 和 2 相当宽，腹板 3～5 窄；臀板凸隆；足长，前足胫节几乎直。

生物学概况： 主要为害梨果和核果类植物，对果实、嫩枝和根部都造成为害。

分布： 古北区、北美洲、中美洲。

种类数量： 该属北美洲和中美洲等地已知 4 种，古北区已知 34 种，中国已知 24 种。

李虎象 *Involvulus cupreus* (Linnaeus)

分类地位：鞘翅目 Coleoptera，卷象科 Attelabidae，齿颚象亚科 Rhynchitinae，文象属 *Involvulus*

英文名：Apple fruit rhynchites

分布：亚洲：朝鲜、俄罗斯（东西伯利亚、西西伯利亚、远东地区）、哈萨克斯坦、韩国、蒙古国、日本、伊朗、中国（黑龙江、湖北、辽宁）；非洲：阿尔及利亚；欧洲：爱沙尼亚、奥地利、白俄罗斯、保加利亚、比利时、波兰、丹麦、德国、俄罗斯、法国、芬兰、荷兰、捷克、克罗地亚、拉脱维亚、立陶宛、卢森堡、罗马尼亚、马其顿、摩尔达维亚、挪威、葡萄牙、瑞典、瑞士、斯洛伐克、斯洛文尼亚、乌克兰、西班牙、匈牙利、意大利、英国。

寄主：主要为害梨果和核果类植物，也为害花楸、山楂、葡萄等。

危害情况：李虎象对果实和嫩枝都造成危害，在不同国家或地区对寄主可能有不同的喜好。在德国主要寄主是李和樱桃，在芬兰、挪威和瑞典，则主要为害苹果。幼虫钻蛀果实，在果核或果实中取食，造成果实提前脱落或畸形。

形态特征：

成虫　体长 3.5～4.5mm，铜棕色。鞘翅刻点较深，行间较隆起。雄虫前胸两侧无刺突，前胸背板长圆形，喙不长于或稍长于前胸背板。

幼虫　白色，无足，弯曲。

生物学特征：成虫出现于 6 月初，取食幼果，6 月中旬开始产卵，产卵于嫩枝或幼果上。卵期 4～11 天，幼虫取食 20～30 天。被害果脱落，幼虫在土中化蛹，蛹期 45 天。初羽化成虫先取食叶片，再进入越冬状态。

传播途径：成虫具一定的飞行能力，幼虫可以随寄主果实传播，蛹可以随土壤传播。

检验检疫方法：检查为害症状，严禁从疫区输入梨果和核果类水果。

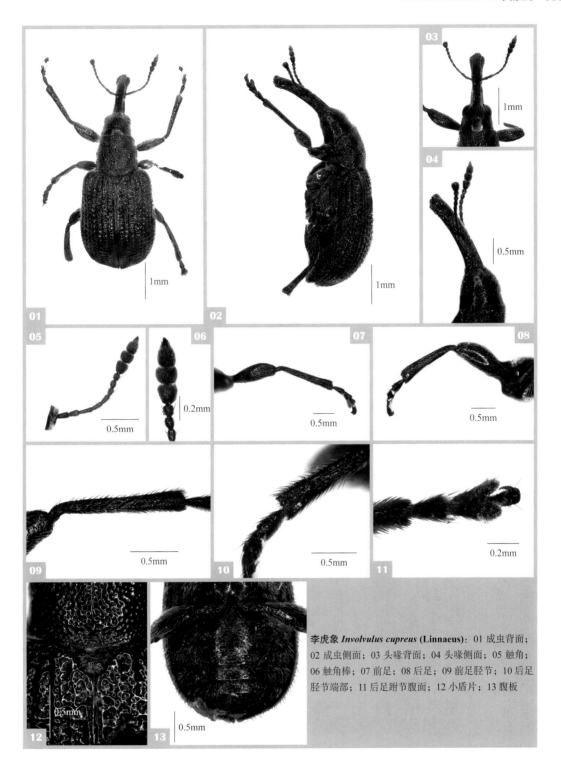

李虎象 *Involvulus cupreus* (Linnaeus)：01 成虫背面；02 成虫侧面；03 头喙背面；04 头喙侧面；05 触角；06 触角棒；07 前足；08 后足；09 前足胫节；10 后足胫节端部；11 后足跗节腹面；12 小盾片；13 腹板

稻水象属
Lissorhoptrus LeConte, 1876

分类地位： 鞘翅目 Coleoptera，象虫科 Curculionidae，短角象亚科 Brachycerinae

分类特征： 长卵形，体壁红褐色至黑色；喙短粗，近直，短于前胸背板；触角着生于近端部，柄节未达到眼，索节 6 节，棒节紧凑，触角棒节基节光亮，几乎与其他棒节同长；前胸背板前侧缘有发达的眼叶，背面鳞片覆瓦状紧贴体表，上有漆状防水涂层；小盾片不可见；鞘翅肩发达或略发达，肩斜，两侧近平行，至翅坡处开始向端部迅速狭缩，行间平坦或略凸隆；中足胫节扁平，外缘均匀弯曲，内外缘有很多细长致密的游泳毛；跗节 5 节，跗节 3 非二叶状，一般不宽于跗节 2，跗节 5 短于其他 4 节总长，跗节 1 对爪；后足转节非圆筒形，与腿节相接处倾斜；雄性阳茎基比阳茎（含外突）长或同长。

生物学概况： 稻水象属寄主植物多为水生植物，如禾本科的水稻 *Oryza sativa* L.、水生菰 *Zizania aquatica* L.、稗子 *Echinochloa crus-galli*（L.）等。成虫擅长游泳，可以潜入水下较深的地方，甚至可以在水下存活超过 120h。成虫在叶片上取食为害，幼虫取食植物的根部。

分布： 该属是主要分布于新大陆的一类水生象虫，大部分种类分布于北美洲，南美洲种类相对较少，亚洲、欧洲仅有一种分布，为入侵种。

种类数量： 该属目前世界已记述 23 种，古北区已记述 1 种，中国已知 1 种，即为害水稻的重要害虫稻水象 *Lissorhoptrus oryzophilus* Kuschel。

稻水象 *Lissorhoptrus oryzophilus* Kuschel

分类地位： 鞘翅目 Coleoptera，象虫科 Curculionidae，短角象亚科 Brachycerinae，稻水象属 *Lissorhoptrus*

英文名： Rice water weevil，root-maggot

异名： *Lissorhoptrus simplex*（Say）；*Lissorhoptrus pseudoryzophilus* Guan，Huang & Lu

分布： 亚洲：朝鲜、韩国、日本、中国（安徽、北京、福建、河北、湖南、吉林、辽宁、山东、山西、台湾、天津、浙江）；北美洲：多米尼加、古巴、加拿大、美国、墨西哥；南美洲：哥伦比亚、圭亚那。

寄主： 主要为害水稻、稗，寄主包括禾本科植物 10 属 12 种，其次还为害莎草科 4 属 5 种、泽泻科、鸭跖草科、灯心草科杂草等。

危害情况： 稻水象以成虫和幼虫为害水稻作物。成虫在幼嫩水稻叶片上取食上表皮和叶肉，留下下表皮，在叶表面留下一纵条斑痕。幼虫对植株的危害是造成水稻损失的主要因素，幼虫聚集水稻根部，在根内或根上取食，根系被蛀食，刮风时植株易倾倒，甚至被风拔起浮在水面上。在害虫严重的田块，在一丛水稻植株根部可找到数十头幼虫。受损害重的根系变黑并腐烂。由于对水稻根系造成的危害，使植株变得矮小，成熟期推迟，产量降低。稻水象一般使水稻减产 10%～20%，受害严重田块减产 50% 左右。

形态特征：

成虫 长 2.6～3.8mm，宽 1.15～1.75mm。雌虫略比雄虫大。体壁褐色，密布相互连接的灰色鳞片。前胸背板和鞘翅的中区无此类鳞片，中区为褐色斑。喙端部和腹部、触角沟两侧、头和前胸背板基部、眼四周、前中后足基节基部、腹板 3、腹板 4 及腹板 5 末端被覆黄色圆形鳞片。喙几乎和前胸背板等长，微弯曲，近扁圆筒形。额宽于喙。触角红褐色，着生于喙中间之前，柄节棒形，索节 6 节，索节 1 膨大呈球形，雌虫索节 1 长几乎为索节 2 的 1.2 倍，雄虫的为 1.1 倍，索节 2 长大于宽，索节 3～6 宽大于长，触角棒呈倒卵形或长椭圆形，长为宽的 2.0～2.1 倍，棒节为 3 节，棒节 1 光亮无毛。两眼下方间距大于喙的直径。前胸背板宽大于长的 1/10，两侧边近于直，只在中部稍向两侧突起，中部最宽，前端明显收缩。眼叶相当明显。小盾片不可见。鞘翅近平行，宽为前胸背板的 1.5 倍，长为鞘翅宽的 1.5 倍。鞘翅明显具肩，肩斜，翅端平截或稍凹陷，行纹细、不明显，行间宽为行纹的数倍，奇数行间宽于偶数行间。行间平坦或稍隆起，每行间被覆至少 3 行鳞片，行间 1、3、5、7 在中间之后有瘤突。腿节棒形，不具齿。胫节细长、弯曲，中足胫节两侧各有一排长的游泳毛。雄虫后足胫节无前锐突，锐突短而粗，深裂成两叉形。雌虫的锐突简单，长而尖，有前锐突。后足胫节锐突形状是稻水象成虫性别鉴定的有用特征。跗节 3 不呈二叶状，与跗节 2 等宽，雌虫后足跗节 2 长为宽的 1.7 倍。稻水象雌虫的腹部比雄虫粗大。雌虫可见腹节 1、2 的腹面中央平坦或凸起，雄虫在中央有较宽的凹陷。两性成虫腹节 5 隆起的形状和程度也不同：雄虫隆起区不达腹节 5 长度的一半，隆起区的后缘是直的；雌虫隆起区超过腹节5长度的一半，隆起区的后缘为圆弧形。雌虫腹部背板7后缘呈深的凹陷（有个体变异）；而雄虫的为平截或稍凹陷。

稻水象有两性生殖型和孤雌生殖型。发生在美国加利福尼亚州、日本、朝鲜半岛和我国的均属孤雌生殖型。发生在美国其余州的为两性生殖型。

卵 珍珠白色，圆柱形，稍向内弯曲，两端圆形，长径约0.8mm，短径约0.2mm，长为宽的3～4倍。

幼虫 白色，无足，头部褐色。腹节2～7背面有成对朝前伸的钩状气门，幼虫被水淹时得以从植物的根内和根周围获得空气。

蛹 白色，大小、形状近似成虫。老熟幼虫在附着在根部上的土制茧中化蛹。土茧形似绿豆，长径4～5mm，短径3～4mm，颜色土色。

稻水象和该属的 *Lissorhoptrus simplex* 形态上最为接近，主要区别在于后者的鞘翅端部明显突出呈截断形且端部中间微凹，而稻水象的鞘翅端部略圆。

生物学特征： 稻水象的卵、幼虫、蛹期的发育要在水中完成，成虫具半水生习性。稻水象以成虫在西班牙苔藓、水田四周和林带禾本科杂草的根基部、落叶下、稻草、稻茬，以及住宅附近的草地内越冬。成虫一般在水淹后开始产卵，喜产卵于水面下4～7cm的叶鞘内。新孵幼虫在叶鞘内经短暂钻蛀取食后离开叶鞘掉入土中，由于幼虫无足，移动缓慢，1龄幼虫要在植物体外待一段时间，这是它生活史中最脆弱的时期。在发育过程中，幼虫可从一个根钻出转入另外的根危害，造成一系列穿孔或断根。在一株水稻根部常可发现几头，多至几十头幼虫。幼虫在株间移动距离可达30～40cm。老熟幼虫在一个附着于根系的、不漏水的土茧中化蛹。7月初，成虫从根部的土茧里孵化，8月末在稻田里只能见到极少量成虫，大量成虫已转移到越冬场所。在美国加利福尼亚州，整个生活史约78天。

稻水象成虫有较强的飞行能力，并可借风力作远距离传播。它的飞行活动受气候条件影响，飞行的最适温度为20～27℃，在有风的情况下，有利于飞行并导致远距离扩散传播。越冬代成虫最活跃的飞行时间在日落前1h左右。新羽化的成虫则在黄昏时爬集叶尖待飞，日落后1h飞行活动达到高峰。气候恶劣时飞行活动受严重影响。成虫有明显的趋光性。在成虫发生期，在稻田路灯附近常聚集大量成虫。

传播途径： 自然扩散主要通过成虫飞行，凭借风力作远距离传播，迁移距离可达10km之多。成虫也可在水中游泳，随水流跨江越海传播。卵、初孵幼虫和成虫可以随水稻秧苗和稻草的调运而传播。成虫还可随稻种、稻谷、稻壳及其他寄生植物、交通工具等行远距离传播。

检验检疫方法： 禁止从疫区调运秧苗、稻草、稻谷和其他寄主植物及其制品，凡用寄主植物做填充材料的，应彻底销毁。对运输的水稻秧苗和稻草进行卵、幼虫和成虫检查，稻种、稻谷、稻壳等进行成虫检查。

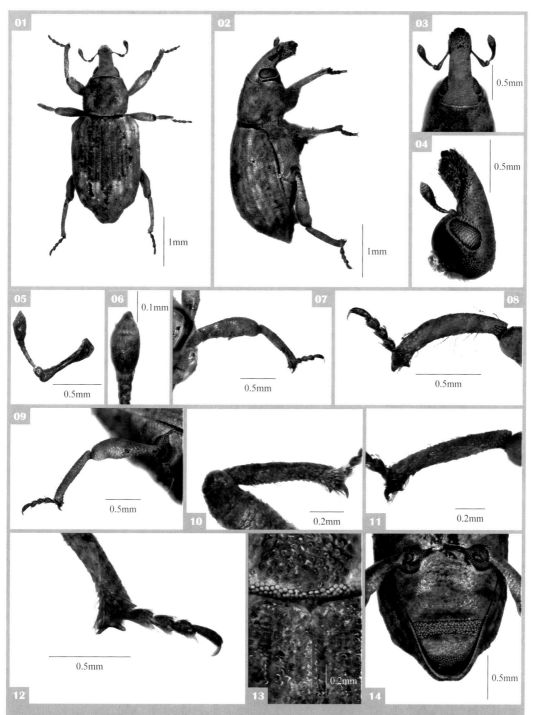

稻水象 *Lissorhoptrus oryzophilus* Kuschel：01 成虫背面；02 成虫侧面；03 头喙背面；04 头喙侧面；05 触角；06 触角棒；07 前足；08 中足；09 后足；10 前足胫节；11 后足胫节；12 后足胫节端部及跗节侧面；13 前胸背板及鞘翅基部；14 腹板

茎象属
Listronotus Jekel, 1865

分类地位：鞘翅目 Coleoptera，象虫科 Curculionidae，孢喙象亚科 Cyclominae

分类特征：体型小到中等大小（1.0～14.0mm）；体壁红褐色至黑色，体表通常密被倒伏的鳞片或刚毛或两者都有；喙较短粗至较细长，略弯至强烈弯曲，通常具 1～3 条隆脊；头略凸隆至强烈凸隆，通常密被倒伏的鳞片状刚毛和（或）圆形鳞片，额中部通常具浅洼；触角着生于喙的近端部，背面观触角着生处可见，触角沟深且长，通常其上下缘具明显的边界，触角沟达到眼；触角柄节短，通常未达到眼前缘，触角索节 1 与 2 的长度近相等或短于索节 2，触角索节 7 节；前胸最宽处近基部或中间或中间略靠前，前胸两侧近平行至强烈凸圆，前胸背面略凸隆，前胸前缘两侧具发达的眼叶；鞘翅长卵形，宽于前胸背板，鞘翅的肩略明显至发达，鞘翅行间凸隆；所有胫节均具端刺；腹板 3 和 4 短，长度之和短于腹板 2 或 5，或与之近相等。

生物学概况：多数种类栖息在半水生或水生的环境里，寄主植物种类较多，如爵床科 Acanthaceae 的 *Dianthera americana*，泽泻科 Alismataceae 的 *Sagittaria latifolia*，禾本科 Poaceae 的鸭茅 *Dactylis glomerata*、苇状羊茅 *Festuca arundinacea*、小麦 *Triticum aestivum*、玉米 *Zea mays* 等，菊科 Asteraceae 的滨海木菊 *Borrichia frutescens* 等。幼虫通常在叶柄或根冠处取食为害，成虫通常在叶片上活动。部分种类夜间更为活跃。

分布：该属种类广泛分布于南、北美洲大陆，在目前已知的种类中，仅有 *Listronotus cyrticus* Desbrochers des Loges 已入侵到欧洲（法国）和 *Listronotus bonariensis*（Kuschel）已入侵到澳大利亚和新西兰。

种类数量：目前世界已记述种类为 117 种，全部分布于北美洲和南美洲，古北区和澳洲区各有 1 种有分布记录，均为入侵种。

阿根廷茎象 *Listronotus bonariensis* (Kuschel)

分类地位: 鞘翅目 Coleoptera，象虫科 Curculionidae，孢喙象亚科 Cyclominae，茎象属 *Listronotus*

英文名: Argentine stem weevil，Wheat stem weevil

异名: *Hyperodes bonariensis*（Kuschel）

分布: 南美洲:阿根廷、巴西、玻利维亚、乌拉圭、智利;大洋洲:澳大利亚、新西兰。

寄主: 主要为害黑麦草属植物，同时也为害很多牧草，如黄花草 *Anthoxanthum puelii*，剪股颖属植物 *Agrostis capillaris*、鸭茅 *Dactylis glomerata*、紫羊茅、梯牧草。玉米是一种重要的寄主，其他禾本科植物，如大麦、燕麦、小麦也是其寄主。虽可偶尔取食苜蓿和车轴草属 *Trifolium* 等豆科植物及油菜等十字花科植物的种子，但不是阿根廷茎象的主要寄主。

危害情况: 阿根廷茎象是牧草上的一种重要害虫。幼虫通过取食茎及节为害植株及繁殖的分蘖，造成分蘖死亡、白穗和折茎、倒伏，引起早熟或瘪粒，造成减产。成虫取食叶片后，在叶尖附近成一狭窄四方形孔，似"窗"状。有的呈点状或条状，有的在叶片上留有"银白色"物（似蛞蝓为害）。成虫在叶片上留下纤维性的虫粪。幼虫取食茎下部引起紫羊茅分蘖嫩叶的黄化，幼虫取食根可能同蛴螬相混，但与后者不同，阿根廷茎象为害后的根是完整的，受害牧场的被害状均一，不同于蛴螬为害后呈圆形区。

形态特征:

成虫　颜色多变，介于浅灰棕色与深棕色或黑色之间。体长 3mm，体躯粗壮并较硬。前胸被覆的白色鳞片在两侧形成宽的白色条纹。体表覆大量毛，鳞片白色或灰黑色，圆形、蜡状，扁平紧贴体壁，圆形蜡状鳞片多位于头喙背面中间、前胸背面至两侧的背部 1/2、鞘翅及腿节的端部 1/2。小盾片宽大于长，梯形，被覆柳叶状黄色鳞片。鞘翅行纹较宽，刻点圆，行间平坦，几乎与行纹宽度相等。前足胫节内缘具齿，端部具端刺;爪离生。

卵　较小，淡绿褐色，呈香肠状或豆荚状。在绿褐色卵中有时有浅绿色卵出现。

幼虫　无足，米色至米白色之间，头部浅棕色至深棕色之间。体躯细长，向尾部渐变细。后部有稀疏的毛。老熟幼虫体长 5~6mm。

蛹　米色与浅褐色或柠檬色之间（第 1 代）。

生物学特征: 一年 2~3 代。以成虫在寄主植物叶冠上越冬。成虫白天不活跃，主要在夜间取食，喜好叶片上部，叶片下部经常不受为害。在新西兰坎特伯雷，成虫产卵期为 7 月至 11 月中旬。喜产卵于草上，通常在近土壤表层的叶鞘中产卵 1~3 粒，偶尔达到 6 粒。每雌产卵 37~40 粒。夏季卵期为 10~20 天，春季卵期为 30 天以上。第一代幼虫出现于 10 月至 12 月中旬。在植物营养生长期，幼虫钻蛀分蘖并向下取食，每分蘖中仅存活一头幼虫。开花期间及开花后，幼虫可以进入植株第二至第七节茎。幼虫 4

龄，化蛹前从分蘖中钻出、落到土壤中，在离地表5～6mm的球形土室中化蛹。幼虫期为50～66天（8～10月）。第一代蛹出现于11月底至12月中旬。7～12天后，成虫羽化。成虫寿命长，为62～179天。成虫可以在一年中的任何时候迁飞，但通常发生在晴天。

传播途径： 阿根廷茎象可在局部飞行扩散。

远距离扩散最主要由牧草种子携带进行，也可以由禾谷类种子和有关交通工具携带传播。虽然从理论上讲，该虫可由带根的寄主植物携带扩散，但实际上这种情况极少见。蛹可以随土壤传播。

检验检疫方法： 注意检查草籽、谷物和有关交通工具。

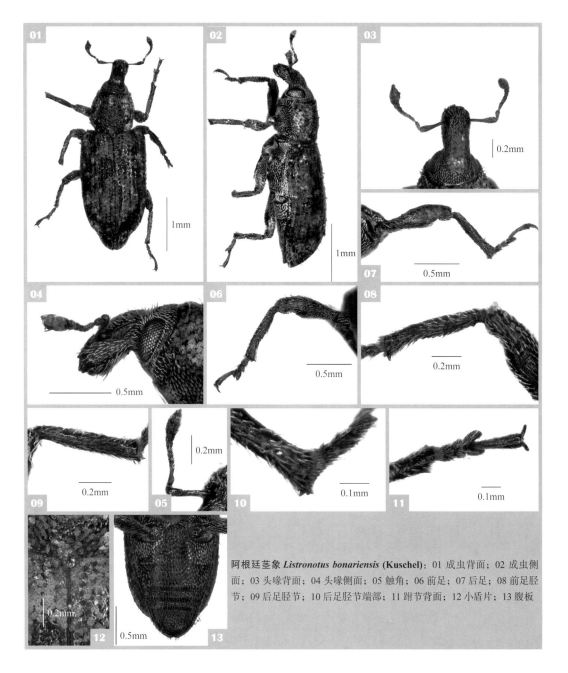

阿根廷茎象 *Listronotus bonariensis* (Kuschel)：01 成虫背面；02 成虫侧面；03 头喙背面；04 头喙侧面；05 触角；06 前足；07 后足；08 前足胫节；09 后足胫节；10 后足胫节端部；11 跗节背面；12 小盾片；13 腹板

艇象属
Naupactus Dejean, 1821

分类地位：鞘翅目 Coleoptera，象虫科 Curculionidae，粗喙象亚科 Entiminae

分类特征：眼位于头两侧；喙两侧近平行，具明显的侧隆脊，背面具中沟，但中沟不达喙端部；口上片不十分明显，口上片后缘两侧不具隆脊；上颚具颚疤；触角沟位于喙的两侧，触角索节2为1的1.5～2倍；前胸背板宽，背面无瘤突，前胸前缘两侧直，无眼叶或纤毛；小盾片被覆鳞片；鞘翅基部略呈二曲状或近直线，鞘翅肩相当发达至略明显，行纹刻点规则，行纹10在后足基节之后消失；前足基节略分离至彼此相连，前足腿节明显粗于后足腿节，腿节通常无齿，前足胫节内缘具齿，端部内角具端刺；后足胫窝宽至较窄，通常被覆鳞片；爪离生。

生物学概况：该属寄主范围较广，尤其一些重要害虫，如玫瑰短喙象 *Naupactus cervinus* Bohema 和白缘象 *Naupactus leucoloma* Boheman，已知的寄主植物近 400 种。一些种类有孤雌生殖现象。成虫取食植物的地上部分，幼虫蛀食根部常造成严重损失。

分布：绝大多数种类分布于南美洲、中美洲，少数种类分布于北美洲、澳大利亚、新西兰、南非，古北区有三种有分布，均为入侵种。

种类数量：目前世界已记述种类超过 200 种，古北区已知 3 种，均为入侵种，该属包括多种重要害虫，如玫瑰短喙象 *Naupactus cervinus* Boheman、白缘象 *Naupactus leucoloma* Boheman 等。

种类检索表

1. 鞘翅两侧近中部各具一由白色鳞片形成的短斜带，从背面观可见；小盾片小，被覆浅褐色的倒伏刚毛 ·················· **玫瑰短喙象 *Naupactus cervinus***

   鞘翅两侧从基部至端部各具一明显的由白色鳞片形成的条带，从背面观几乎不可见；小盾片较大，密被白色鳞片 ·················· **白缘象 *Naupactus leucoloma***

玫瑰短喙象 *Naupactus cervinus* Boheman

分类地位: 鞘翅目 Coleoptera,象虫科 Curculionidae,粗喙象亚科 Entiminae,艇象属 *Naupactus*

英文名: Fuller rose beetle,Fuller's rose weevil,Fuller rose weevil

异名: *Strophomorphus canariensis* Uyttenboogaart; *Aramigus fulleri* Horn; *Asynonychus godmani* Crotch; *Pantomorus olindae* Perkins; *Naupactus simplex* Pascoe

分布: 亚洲:日本、土耳其、以色列;北美洲:海地、加拿大、美国、墨西哥;南美洲:阿根廷、巴拉圭、巴西、秘鲁、乌拉圭、智利;非洲:埃及、厄立特里亚、摩洛哥、南非;欧洲:丹麦、俄罗斯、法国、马耳他、葡萄牙、瑞典、西班牙、亚速尔群岛、意大利;大洋洲:澳大利亚、诺福克岛、新西兰、中途岛。

寄主: 玫瑰和柑橘是玫瑰短喙象最主要和最嗜好的寄主,另外寄主还有很多植物,如柠檬、甜橙、葡萄柚、油桃、菜豆属、戎芦科植物、草莓、马铃薯、蔷薇属、芭蕉属、胡桃、金合欢属、鳄梨、柿、油桐等。

危害情况: 成虫取食叶片,通常取食叶的边缘而使叶片粗糙,呈现锯齿状。主要危害矮的枝条,对大树的危害不大。幼虫取食根部的纤维,能吃光所有的小树根,并能破坏大树根的树皮,以致由于根不能输送养分,受害的植物枯死。幼虫还能危害离地比较近的芽。但在柑橘中不是最主要的危害。

形态特征:

成虫 体长 6.5~8.0mm,长约为宽的 2.2 倍。体壁通常褐色至红褐色,密被鳞片。头部狭窄,喙短而宽,背面具一浅而窄的中沟,上颚具鳞片。前胸宽大于长,两侧略呈弧形,背面刻点细而密,密被浅褐色至白色、较小的鳞片和浅褐色倒伏的刚毛。鞘翅长约为宽的 1.5 倍,两侧略弧形,端部缩圆,行纹细,刻点小而圆,行间扁平,密被小而圆的浅褐色至白色鳞片,圆形鳞片中间夹杂略扁平而窄的鳞片。鞘翅中部有显著的白色短斜纹。

卵 金黄色,形成卵块,每卵块达 62 粒卵。

幼虫 长约 9mm,白色至粉红色,体弯曲,无足。老熟幼虫粗壮,黄白色,头部褐色,受惊扰时卷曲呈半月形。

生物学特征: 一年 1 代,孤雌生殖。成虫不能飞行,善爬行,经常出现在灌木、小树以及矮的植物上。卵块产于苜蓿的托叶、紫花苜蓿嫩芽或葡萄树皮等的裂缝中,或土表的蔬菜落叶上。每雌产卵 200 多粒,每卵块含卵 5~40 粒,产卵期为 3~5 个月。卵块抗旱能力强,湿度足够时,最短可以在 20 天内孵化。新孵化幼虫钻入土壤,取食 25cm 或更深土壤中的根系。7 月,老熟幼虫向土表移动,并形成一个光滑土室。预蛹期长,直到 11 月或 12 月才化蛹。

传播途径: 植株带土转移时携带幼虫的可能性极大,柑橘果实可以传带卵块。由于成虫不能飞行,自然传播受限制。

检验检疫方法: 检查时注意树皮裂缝等处有无卵块,根系是否有幼虫为害。

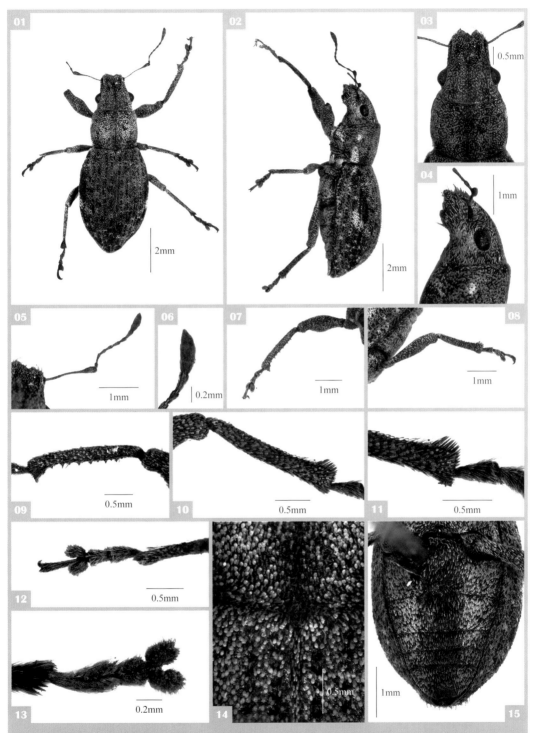

玫瑰短喙象 *Naupactus cervinus* Boheman：01 成虫背面；02 成虫侧面；03 头喙背面；04 头喙侧面；05 触角；06 触角棒；07 前足；08 后足；09 前足胫节；10 后足胫节；11 后足胫节端部；12 后足跗节背面；13 后足跗节腹面；14 小盾片；15 腹面

白缘象 *Naupactus leucoloma* Boheman

分类地位：鞘翅目 Coleoptera，象虫科 Curculionidae，粗喙象亚科 Entiminae，艇象属 *Naupactus*

英文名：White-fringed beetle

异名：*Pantomorus dubius* Buchanan；*Graphognathus fecundus* Buchanan；*Squamodontus hamoni* Richard；*Graphognathus imitator* Buchanan；*Pantomorus pilosus* Buchanan；*Pantomorus striatus* Buchanan

分布：北美洲：美国（阿肯色、北卡罗来纳、得克萨斯、佛罗里达、弗吉尼亚、加利福尼亚、肯塔基、路易斯安那、密西西比、南卡罗来纳、田纳西、新墨西哥、亚拉巴马、佐治亚）；南美洲：阿根廷、巴西、秘鲁、乌拉圭、智利；非洲：南非；欧洲：亚速尔群岛；大洋洲：澳大利亚（维多利亚、新南威尔士）、新西兰（北岛、坎特伯雷、南岛）。

寄主：成虫取食寄主范围非常广泛，尤为嗜好阔叶植物，特别喜食阔叶的豆科植物。寄主包括花生、大豆、豌豆、天鹅绒豆、紫花苜蓿、墨西哥三叶草、牛豆、蔬菜、玉米、甘薯、甘蔗，以及各种装饰或野生杂草、观赏植物、苗圃植物等。

危害情况：主要由幼虫取食根部造成为害，以春季最明显。幼虫聚集在土壤上层取食幼嫩植株的茎基部、根部外层和内层的柔软组织，并可切断主根。幼虫对根系的严重危害造成植株变黄、枯萎或死亡。也取食播种后的种子，还可钻蛀危害马铃薯和甘蔗等。成虫取食植物叶片。

形态特征：

成虫　雌虫体长 8～12mm，灰褐色，头部、前胸和鞘翅均具浅色鳞片形成的条带。头部和前胸背板两侧各有 2 条纵向白色条带，在头部位于眼上下缘，从眼前端斜向后延伸并逐渐变浅，前胸背板背面近两侧各具一条完整的弧形条带，侧面条带从中部开始向前胸基部逐渐变宽，中部之前条带较窄。鞘翅侧面行间 6～8 被覆的白色鳞片从基部开始至端部形成明显宽条带。身体被覆浓密短毛，鞘翅后端的毛较长。喙短而粗。触角柄节棒状。小盾片密被白色鳞片，舌状。鞘翅基部一半较宽，向鞘翅端部逐渐窄缩。鞘翅与中胸背板相连，后翅不发达，成虫不能飞行。

卵　长约 0.8mm，椭圆形，白色。新产的卵为乳白色，4～5 天后变成浅黄褐色。

幼虫　老熟幼虫体长约 13mm。体强度弯曲，浅黄白色，无足，被覆稀疏短毛。头部颜色稍暗，部分缩入体内，上颚粗壮，黑色。

蛹　长 10～12mm，体色从白色到棕色，随羽化期临近而逐渐变深。

生物学特征：一般以幼虫在植株根部或周围的 23～30cm 深土壤中越冬。卵在干草堆或没脱壳的花生中也能存活越冬。3～4 月，幼虫从土壤深处向上移动，在地下 7～15cm 处形成蛹室。化蛹通常在 5～7 月，蛹期 8～15 天。初羽化成虫在蛹室内停留几天，体壁逐渐变硬。成虫 5 月初至 8 月中旬羽化。成虫通常在雨后从土壤下钻出，新羽化的成虫爬向嗜好的寄主植物，并在老叶叶缘

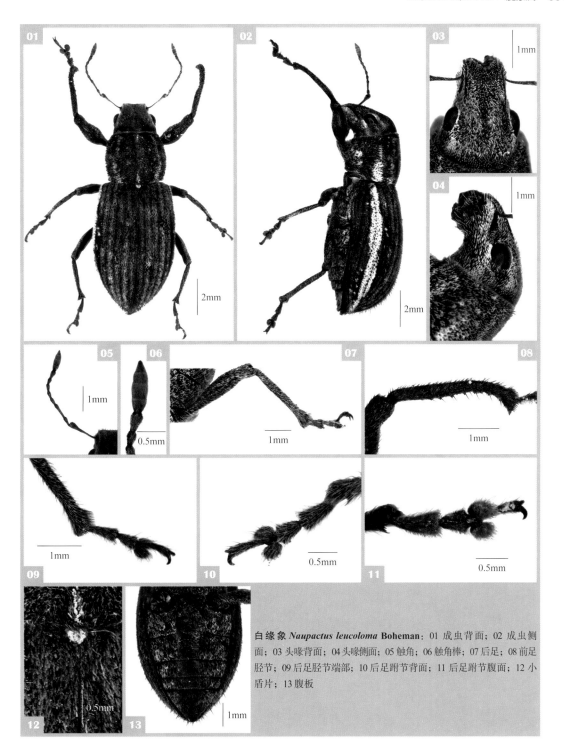

白缘象 *Naupactus leucoloma* **Boheman**：01 成虫背面；02 成虫侧面；03 头喙背面；04 头喙侧面；05 触角；06 触角棒；07 后足；08 前足胫节；09 后足胫节端部；10 后足跗节背面；11 后足跗节腹面；12 小盾片；13 腹板

向叶基部取食数日。取食量不大，多在午后活动。羽化后10~12天开始产卵。雌虫总产卵量取决于食物，以草为食的仅产少量卵，为15~60粒，而取食豆科植物，如花生、天鹅绒豆的成虫产卵量大，为1500粒或更多，最多可达3258粒。每卵块含卵15~25粒，有的多达60粒。白缘象可在各种寄主植物的不同部位产卵，而多产卵于植株与土壤接触的茎基部，也可以产卵于地面或近地面的其他物体上。因卵外部常沾泥土而不易被发现。夏季卵期为2周。湿度是卵孵化的必要条件，在干燥条件下，卵可存活7个月。幼虫从7月下旬至天气较冷时期，在地下15cm或更深处取食许多种植物的茎秆和主根。翌年5月化蛹。一年发生1代。

孵化较晚的幼虫可在土壤中不取食存活1年或更长时间。该虫行孤雌生殖，雌虫寿命平均为2~3个月。成虫还有明显向上爬的习性，易附着在其他物品上被传带。

传播途径：白缘象成虫不具飞行能力，主要通过能携带各种虫态的土壤、寄主植物调运及各种交通运输工具而进行远距离传播。幼虫常聚集取食根茎，移栽时很容易携带此虫，容易随受害观赏植物的球根、球茎和块茎传播。

检验检疫方法：土壤转移对白缘象的人为传播提供最有利的条件，因该虫一年中有较长时间以卵、幼虫和蛹态在土壤中生存。在一定季节，在土壤中也有成虫。要严禁苗圃幼苗和其他植物带土移栽，以防止害虫扩展蔓延。

木蠹象属
Pissodes Germar, 1817

分类地位： 鞘翅目 Coleoptera，象虫科 Curculionidae，魔喙象亚科 Molytinae

分类特征： 成虫体长 3.1～10.0mm，椭圆形，体形从细长到粗壮，体色从红褐色至黑色，被覆或稀或密、或窄或宽的鳞片，在前胸、鞘翅和腿节上通常形成色斑、横带或条纹。喙细长，弯，圆柱形，等于、短于或长于前胸，有刻点，光滑或有稀疏的鳞片状刚毛；通常基部较窄，在触角着生点稍宽，端部最宽。触角着生于喙中部左右；触角沟起源于着生点之前，延伸到眼之前，并与喙的下缘平行；柄节短于索节，棒状；索节 7 节，被覆刚毛，有时为鳞片状刚毛，索节 1 约等于索节 2 与 3 长之和，索节 3～7 长约相等，向前逐渐稍放宽，棒节 1 大，一侧较长，稀疏散布短毛和长毛，其余部分密被细柔毛。头部在眼后呈球形，宽约等于前胸，光滑，散布刻点，两眼之间通常有刻痕，略洼，眼内缘有长短不一的毛或成簇的鳞片。眼扁、圆形，距离大。前胸稀长于宽，中间以前缩窄，刻点之间扁或隆，后角成直角、锐或圆。鞘翅基部等于或略宽于前胸，肩非常圆或稀明显，两侧接近平行，到翅坡略缩窄，之后强烈缩窄，翅坡斜，行间扁平，等宽或奇数行间较凸且宽，散布颗粒，具色斑、横带或条纹；行纹具有明显的刻点，鞘翅端部圆或稍锐。腿节无齿，前足胫节端部内角有齿。

生物学概况： 木蠹象属寄主植物全部为针叶类植物，包括松属 *Pinus*、冷杉属 *Abies*、云杉属 *Picea*、落叶松属 *Larix*、黄杉属

Pseudotsuga。除樟子松木蠹象 *Pissodes validirostris*（Sahlberg）危害樟子松球果外，其他种类均危害松科植物的形成层和韧皮部，并在周皮形成蛹室。主要为害寄主植物的树梢、顶部的枝杈、树干或树皮、树冠及球果。为害的寄主植物都是重要的木材、绿化树和观赏植物。

通常木蠹象的为害是由于成虫取食树皮，在树干上产卵，幼虫蛀食树木的形成层和韧皮部并在周皮形成蛹室等活动造成的。不同的种类造成的为害不同，为害的严重性与种类和种群的数量有关。在中国分布的樟子松木蠹象 *Pissodes validirostris*（Sahlberg），可导致40%的球果被害率，严重影响种子的数量和质量，为天然林更新、采种造林带来困难。

分布： 木蠹象属分布于欧亚大陆和北美洲，不同种类的分布范围差异很大，有些种类有很强的地域特点，为特有种，如云南木蠹象 *Pissodes yunnanensis* Langor et Zhang 仅分布于我国的南部地区，有些种类分布很广，如樟子松木蠹象在法国、俄罗斯及我国都有分布。

种类数量： 该属目前全世界共48种，分布于中国的为9种。分布于北美洲的榛梢木蠹象 *Pissodes terminalis* Hopping 和白松木蠹象 *Pissodes strobi*（Peck）为害相当严重。

种类检索表

1. 前胸刻点不十分密集，前胸背板背面中部刻点平，刻点间距有时为一个刻点的直径，前胸后角钝或圆 ··· 2
   前胸刻点密集，彼此接近，经常融合在一起形成皱纹，刻点之间有隆起，有明显的后角或后角呈钝角 ··· 3
2. 前胸背板中部有些光亮，横向均匀隆起，每一刻点被一椭圆形端部截断形的鳞片；鞘翅中部各具一由黄褐色鳞片形成的、覆盖行间8到行间4的横带，横带宽宽，鳞片端部平截，鞘翅行间平；体长4.0～5.0mm ·················· **菲利木蠹象 *Pissodes piniphilus***
   前胸背板中部无光泽，每一刻点被一细长且端部平截的鳞片，前胸背板在基部中间、中部距两侧各1/3处以及近端部靠近侧缘处被覆的白色卵圆形鳞片形成的斑点，组成一个"V"形；鞘翅各具两个由白色至浅黄色鳞片形成的条带，前一条带短而窄，后一条带靠近翅坡处，宽且长，到达鞘翅中缝；鞘翅行间3和5强烈隆起；体长5.0～6.5mm ················
   ·· **圆角木蠹象 *Pissodes harcyniae***
3. 前胸背板的后角锐，前胸背板基部明显呈二波形；鞘翅具密集的整齐排列成行的方形刻点，鞘翅上偶数行间明显比奇数行间窄；鞘翅有两条横带，前一条横带中部断开，后一条横带中央为白色，两侧为黄色；体暗棕色，5.0～7.0mm ·················· **多条木蠹象 *Pissodes castaneus***
   前胸背板的后角钝或呈直角，前胸背板基部二波形不明显 ··· 4
4. 鞘翅行纹的刻点细小而浅 ·· 5
   鞘翅行纹的刻点粗大而深，长方形或方形 ··· 8
5. 鞘翅行间3和5隆起，明显高于其余行间 ·· 6
   鞘翅行间平，具粗的颗粒，无光泽；身体背面密被鳞片，鞘翅前面的带通常斑点状，由黄褐色鳞片组成，后面的带宽，几乎是完整的，中部最宽，条带靠近鞘翅缝一侧白色，靠近鞘翅两侧黄褐色；体长5.0～6.0mm ················ **樟子松木蠹象 *Pissodes validirostris***
6. 鞘翅前后两条带窄或较宽，彼此相隔较远、不接近；鞘翅行间的瘤突不凸隆，低，且不规则；前胸背板具中纵隆脊 ··· 7

鞘翅鳞片密集，前后两条带相当宽，且彼此距离很近，在侧面十分明显，前面的条带黄褐色，后面的条带靠近鞘翅中缝白色，近两侧黄褐色；鞘翅行间的瘤突较凸隆；前胸背板不具隆脊 ·· **白松木蠹象** *Pissodes strobi*

7. 鞘翅前后两条带窄，前、后两个条带均未达到鞘翅侧缘；鞘翅行纹 3 在基部直，不向外偏斜 ··· **耐猛木蠹象** *Pissodes nemorensis*
鞘翅前后两条带较宽，且后面的条带达到了鞘翅侧缘；鞘翅行纹 3 在基部向外偏斜 ············· ·· **红木蠹象** *Pissodes nitidus*

8. 鞘翅行间宽于行纹 ·· **9**
鞘翅行间与行纹等宽或略窄于行纹 ·· **10**

9. 前胸背板中间之后两侧近平行；鞘翅和前胸背板上的斑纹浅黄色，小盾片被覆浅黄色的鳞片；鞘翅行间 3 和 2 的宽度近相等 ······················ **葛氏木蠹象** *Pissodes gyllenhali*
前胸背板两侧凸圆；鞘翅和前胸背板的斑纹暗褐色，与体壁的颜色接近，不十分明显，小盾片被覆暗褐色鳞片；鞘翅行间 3 明显宽于行间 2 ····················· **条纹木蠹象** *Pissodes striatulus*

10. 眼正常，不十分凸隆；鞘翅明显具前后的斑纹；前胸背板的中隆脊窄，不十分明显 ············ **11**
眼凸隆；鞘翅无明显的斑纹；前胸背板的中隆脊十分明显，光滑；鞘翅被浅灰色鳞片 ·········· ·· **突眼木蠹象** *Pissodes insignatus*

11. 鞘翅具前后两个条带，前面的条带由两个斜向的斑点组成，后面的条带明显可见三个近圆形的斑点，背面观延伸至鞘翅侧缘，斑点鳞片颜色一致；触角索节短粗，索节 2 长宽近相等 ····· ·· **松树木蠹象** *Pissodes pini*
鞘翅具前后两个条带，前面的条带呈长椭圆形斑点，后面的条带由三个斑点组成，但最外侧的斑点与其余两个斑点鳞片颜色不一致，外侧黄褐色，内侧两个斑点白色；触角索节较细长，索节 2 长远大于宽 ······································· **黄星木蠹象** *Pissodes obscurus*

多条木蠹象 *Pissodes castaneus* (DeGeer)

分类地位: 鞘翅目 Coleoptera,象虫科 Curculionidae,魔喙象亚科 Molytinae,木蠹象属 *Pissodes*

英文名: Small banded pine weevil,banded pine weevil,lesser banded pine weevil,minor pine weevil,pine banded weevil

异名: *Pissodes brunneus*(Panzer);*Pissodes fabricii* Stephens;*Pissodes notatus*(Fabricius);*Pissodes palmes*(Herbst)

分布: 亚洲:俄罗斯(东西伯利亚、西西伯利亚、远东地区)、哈萨克斯坦、吉尔吉斯斯坦、土耳其;南美洲:巴西、智利;非洲:阿尔及利亚、加那利群岛、马德拉群岛、摩洛哥;欧洲:爱尔兰、爱沙尼亚、白俄罗斯、保加利亚、比利时、波兰、丹麦、德国、俄罗斯、法国、芬兰、荷兰、捷克、克罗地亚、拉脱维亚、立陶宛、卢森堡、罗马尼亚、摩尔达维亚、挪威、葡萄牙、瑞典、瑞士、塞尔维亚、斯洛伐克、乌克兰、西班牙、希腊、匈牙利、亚速尔群岛、意大利、英国。

寄主: 范围很广,包括欧洲冷杉 *Abies alba*、高加索冷杉 *Abies nordmanniana*、欧洲落叶松 *Larix decidua*、欧洲云杉 *Picea abies*、北美短叶松 *Pinus banksiana*、扭叶松 *Pinus contorta*、地中海松 *Pinus halepensis*、欧洲黑松 *Pinus nigra*、海岸松 *Pinus pinaster*、意大利五针松 *Pinus pinea*、辐射松 *Pinus radiata*、北美乔松 *Pinus strobus*、欧洲赤松 *Pinus sylvestris*、乔松 *Pinus wallichiana*、欧紫杉 *Taxus baccata* 等。

危害情况: 成虫对于松树幼苗的为害通常不是很明显,但在树皮上可见成虫取食造成的小洞及树脂溢出留下的痕迹,同时可见树梢枯黄或死亡。幼虫在树皮和木质部间钻蛀为害,钻蛀造成弯弯曲曲的坑道从树梢向下可达根颈部,对树木造成的危害远远大于成虫。坑道随着幼虫的发育而不断变宽,同时也被幼虫钻蛀产生的碎屑和排泄物复合物所堵塞,进而造成植物输导组织输送水分的过程受阻,造成树的枯萎甚至死亡。在法国、英国、俄罗斯、芬兰和西班牙,该虫都是危害松属植物的一个重要害虫,主要造成林场大量幼树的死亡。在欧洲南部和地中海东部地区,该虫是造成天然林和人工林场中幼树死亡的重要原因。虽然多条木蠹象主要为害2~15年树龄的松树,但是100~120年的古树也会遭到侵害。

形态特征:

成虫 体长 5~11mm;体壁红褐色至深褐色;鞘翅背面翅坡前各具两个横向宽条带,靠近基部的条带在基部至翅坡之间的近中部处、行间 4~7,条带由黄褐色鳞片组成,条带中部有时鳞片缺失,靠近端部的条带位于翅坡前,条带由白色鳞片和黄褐色鳞片组成,条带在两鞘翅行间 5 之间的部分鳞片主要为白色,从行间 5 向两侧分别为黄褐色鳞片;前胸两侧鳞片大而圆,白色;触角着生于喙的近中部;腿节不具齿。

卵 卵圆形,乳白色,长 0.7~0.75mm,宽 0.45~0.48mm,后端较前端更钝圆。

幼虫 老熟幼虫体长 8~10mm;头较长,

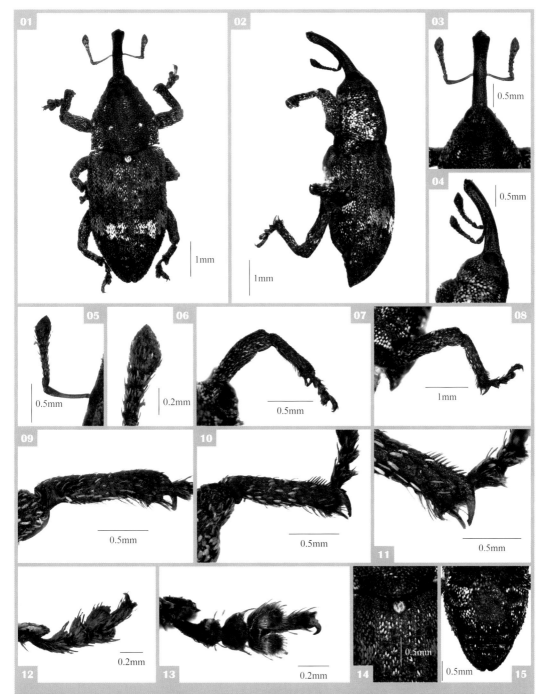

多条木蠹象 *Pissodes castaneus* **(DeGeer)**：01 成虫背面；02 成虫侧面；03 头喙背面；04 头喙侧面；05 触角；06 触角棒；07 前足；08 后足；09 前足胫节；10 后足胫节；11 后足胫节端部；12 后足跗节背面；13 后足跗节腹面；14 小盾片；15 腹板

长宽相等，中部最宽，后端圆，深橙褐色，头部背面和侧面具颜色略浅的条带，每侧具一单眼；身体白色，弯曲，新月形，无胸足；腹部末端刚毛长且粗壮。

蛹　体长 4.5～7.0mm，白色，蛹通常位于寄主树干边材的幼虫通道尽头、用木质纤维做成的蛹室内。

生物学特征： 成虫寿命长，善于飞行，气候温暖的月份均可发现成虫活动。成虫在温暖地区最早于 4 月开始活动，寒冷地区于 5 月中旬开始出现，直到 10 月。成虫在嫩枝的树皮上钻蛀出一些小而深的洞，也会对嫩芽及幼苗造成为害。雌虫在整个生长季都可产卵，通常雌虫在每个洞里产 1～5 枚卵，卵的位置常常位于幼树的根颈和第一轮枝条之间，对于树龄较大的树，卵通常产于树干和枝条之间的部位。在实验室条件下，每雌平均可产 500 枚卵。在 22～23℃条件下，卵孵化需要 8～10 天。幼虫共 4 龄。

传播途径： 成虫飞行能力强，可做长距离飞行。幼虫也可随苗木的运输而做远距离扩散传播。

检验检疫方法： 检验为害症状。应注意幼苗苗木的运输，查看树皮有无钻蛀的孔洞，木材运输应去掉树皮。

葛氏木蠹象 *Pissodes gyllenhali* (Sahlberg)

分类地位：鞘翅目 Coleoptera，象虫科 Curculionidae，魔喙象亚科 Molytinae，木蠹象属 *Pissodes*

异名：*Pissodes gyllenhalii* Gyllenhal; *Pissodes laricinus* Motschulsky

分布：亚洲：俄罗斯（东西伯利亚、西西伯利亚、远东地区）、哈萨克斯坦、日本；欧洲：爱沙尼亚、丹麦、俄罗斯、芬兰、挪威、瑞典、斯洛文尼亚。

寄主：云杉。

形态特征：

成虫 体长 6.0～7.2mm；体窄，黑褐色；前胸背板后角近直角；前胸背板背面密被较深且大的刻点，刻点相互融合；前胸基部微呈二波形，较鞘翅基部明显窄；鞘翅有两条带，前面的带由淡黄色的斑组成，后面的带由 2～3 个淡黄色的斑构成；鞘翅行间 3 和 5 微隆起，行间宽，被细小的颗粒；鞘翅行纹刻点细小；足红色。

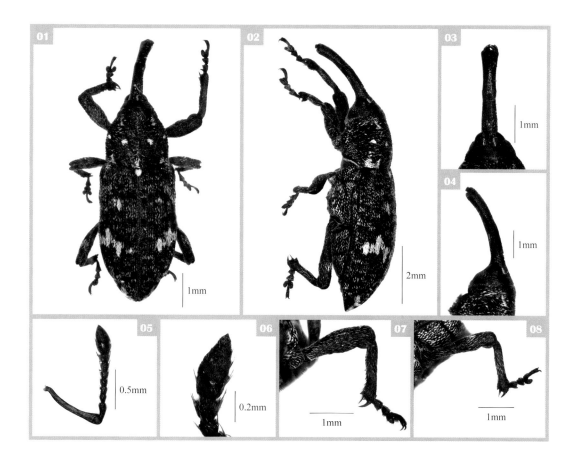

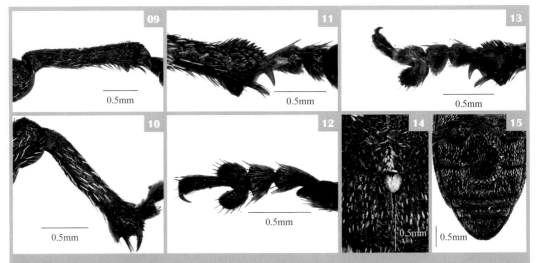

葛氏木蠹象 *Pissodes gyllenhali* (Sahlberg)：01 成虫背面；02 成虫侧面；03 头喙背面；04 头喙侧面；05 触角；06 触角棒；07 前足；08 后足；09 前足胫节；10 后足胫节；11 后足胫节端部；12 后足跗节背面；13 后足跗节腹面；14 小盾片；15 腹板

圆角木蠹象 *Pissodes harcyniae* (Herbst)

分类地位：鞘翅目 Coleoptera，象虫科 Curculionidae，魔喙象亚科 Molytinae，木蠹象属 *Pissodes*

英文名：Norway spruce weevil

异名：*Pissodes interruptus* Pic; *Rhynchaenus interstitiosus* Sahlberg; *Curculio quadrinotatus* Panzer

分布：亚洲：俄罗斯（东西伯利亚、西西伯利亚、远东地区）、中国（黑龙江）；欧洲：爱沙尼亚、奥地利、白俄罗斯、波兰、德国、俄罗斯、法国、芬兰、捷克、克罗地亚、拉脱维亚、立陶宛、卢森堡、罗马尼亚、挪威、瑞典、瑞士、斯洛伐克、乌克兰、匈牙利、意大利。

寄主：挪威云杉 *Picea excelsa*、欧洲赤松 *Pinus sylvestris*、欧洲白冷杉 *Abies pectinata* 等。

危害情况：圆角木蠹象在欧洲分布广泛，一般为次生性害虫，主要侵害损伤的或长势衰弱的树木。但如果种群数量较大，该虫也会对健康林木造成严重危害。树枝发白以及针叶失去光泽，是树木被侵染的特征。该虫为害不同年龄的树木，但是喜食由于落叶、污染或干旱造成树势衰弱的、50～100 年树龄的古树。

形态特征：

成虫　体长 5.0～7.3mm；体黑褐色至暗褐色；前胸背板有一个 "V" 形的凹陷，中隆线隆起不明显或微明显，后角圆，前胸背板的刻点较稀，不相互融合；前胸背板除了 1 个横向的黄色由点状的斑点组成的横带外，还有几个斑；前胸基部不呈二波形，较鞘翅基部窄；鞘翅基部具淡黄色至白色的斑点，中间的两个斑点融合，鞘翅翅坡处具淡黄色至白色鳞片形成的斜带，呈 "V" 形；鞘翅行间 3 和 5 隆起较明显，明显高于其他行间，行间宽，表面粗糙，密被颗粒；腿节和胫节上的鳞片斑点颜色浅。

生物学特征：成虫取食树皮，在树干上产卵，幼虫孵化后蛀食植物内部的形成层和韧皮部，并在木质部表面形成蛹室，对林业造成损失。常为害树龄在 15 年以上的优质材，每次产卵量为 1～5 粒。幼虫在云杉属 *Picea* sp. 上发育。

传播途径：幼虫随木材原木传播扩散。

检验检疫方法：检验为害症状。对于云杉属等未去皮的植物和切枝，要严格检疫。

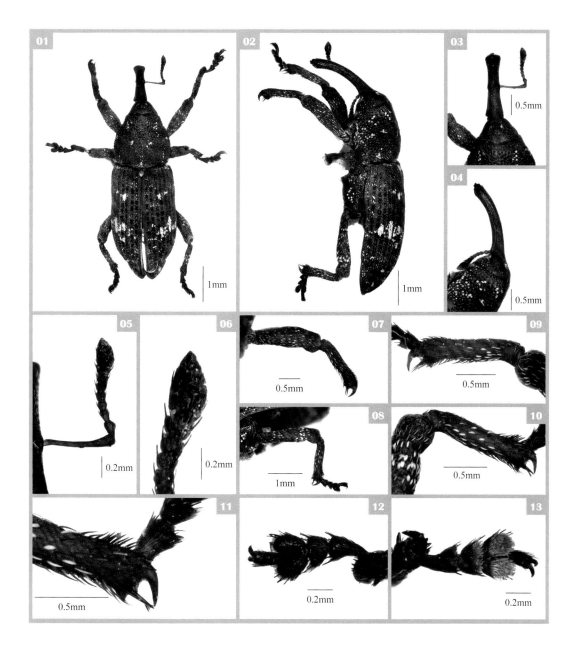

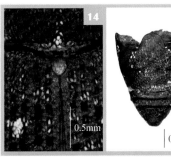

圆角木蠹象 *Pissodes harcyniae* **(Herbst)**：01 成虫背面；02 成虫侧面；03 头喙背面；04 头喙侧面；05 触角；06 触角棒；07 前足；08 后足；09 前足胫节；10 后足胫节；11 后足胫节端部；12 后足跗节背面；13 后足跗节腹面；14 小盾片；15 腹板

突眼木蠹象 *Pissodes insignatus* **Boheman**

分类地位：鞘翅目 Coleoptera，象虫科 Curculionidae，魔喙象亚科 Molytinae，木蠹象属 *Pissodes*

分布：亚洲：俄罗斯（东西伯利亚、西西伯利亚、远东地区）。

寄主：西伯利亚落叶松 *Larix sibirica*、达乌尔落叶松 *Larix dahurica* 和偃松 *Pinus pumila*。

形态特征：

成虫　体黑色，身体背面、腹面及足均被覆较密针状白色鳞片；触角着生在喙中部之前，柄节短于索节之和；前胸背面剧烈隆起，背部有密、大、深的刻点，刻点相互融合，形成皱纹；前胸背板被稀的白色的针状的鳞片，中线隆起明显，光滑，在中隆线两侧各有 2 个由针状白色的鳞片形成的小圆斑；前胸背板两侧弧形，向端部逐渐变窄，端部的 1/5 缩窄略明显；基部略呈二波形，较鞘翅基部窄，后角小于直角，向外侧扩展；前胸背板基部的中央的凹陷浅；整个鞘翅背面较均匀地密被白色的针状鳞片；鞘翅基部微呈二波形，肩圆，隆起较明显；行间 3 和 5 不明显隆起，但行间 3～5 端部略明显隆起，与肩之间及与鞘翅中缝之间各形成一个略明显的凹陷；行间较行纹稍宽，表面光滑，有浅的稀的小的刻点；行纹刻点深且大，矩形至长卵圆形，刻点之间的间隔与行间平，间隔不大；行间 5 形成微隆起的胝；鞘翅上鳞片不形成带或斑；鞘翅覆盖臀板，端部较锐；腿节无齿，密被白色的针状鳞片；胫节内缘有一排稀的小齿状的突起且被一列长的褐色的刺状刚毛。

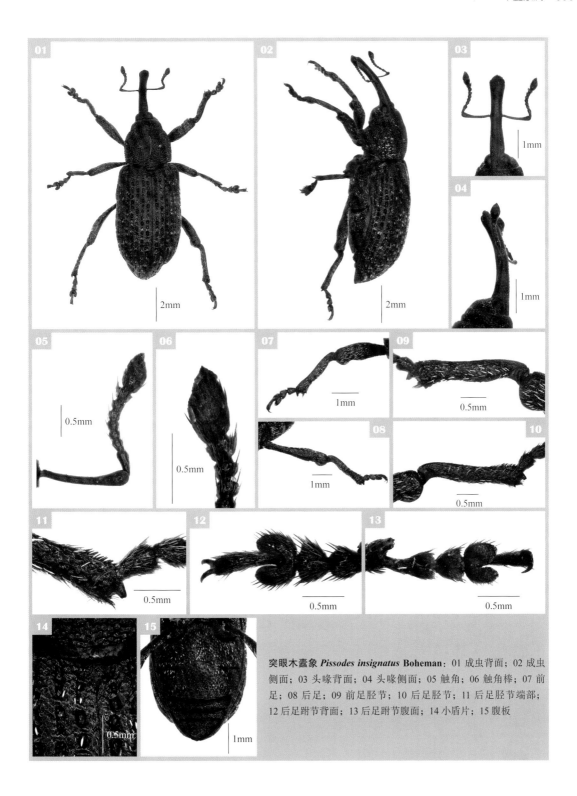

突眼木蠹象 *Pissodes insignatus* **Boheman**：01 成虫背面；02 成虫侧面；03 头喙背面；04 头喙侧面；05 触角；06 触角棒；07 前足；08 后足；09 前足胫节；10 后足胫节；11 后足胫节端部；12 后足跗节背面；13 后足跗节腹面；14 小盾片；15 腹板

耐猛木蠹象 *Pissodes nemorensis* Germar

分类地位： 鞘翅目 Coleoptera，象虫科 Curculionidae，魔喙象亚科 Molytinae，木蠹象属 *Pissodes*

英文名： Northern pine weevil, deodar weevil

异名： *Pissodes appraximatus* Hopkins; *Pissodes canadensis* Hopkins; *Pissodes deodarae* Hopkins; *Pissodes strobi* Say

分布： 北美洲：加拿大（安大略、魁北克）、美国（俄亥俄、俄克拉何马、佛罗里达、弗吉尼亚、路易斯安那、密苏里、纽约、伊利诺伊）；非洲：南非。

寄主： 范围很广，包括北非雪松 *Cedrus atlantica*、雪松 *Cedrus deodara*、黎巴嫩雪松 *Cedrus libani*、欧洲云杉 *Picea abies*、白云杉 *Picea glauca*、黑云杉 *Picea mariana*、北美云杉 *Picea pungens*、北美短叶松 *Pinus banksiana*、加勒比松 *Pinus caribaea*、扭叶松 *Pinus contorta*、萌芽松 *Pinus echinata*、湿地松 *Pinus elliottii*、光松 *Pinus glabra*、长叶松 *Pinus palustris*、辛松 *Pinus pungens*、多脂松 *Pinus resinosa*、刚松 *Pinus rigida*、晚松 *Pinus serotina*、北美乔松 *Pinus strobus*、欧洲赤松 *Pinus sylvestris*、火炬松 *Pinus taeda*、矮松 *Pinus virginiana* 等。

危害情况： 在自然生长的针叶林中耐猛木蠹象重要性不大，但在圣诞树人造林中，大量树桩对木蠹象十分有利。当再生林增加时，木蠹象的数量也增加。为害垂死和倒伏的松树树干的厚树皮、幼苗的树干和基部。成虫及幼虫的取食能造成树末枝和侧枝的死亡，颜色变成棕色或折断。高 30cm 以下的苗木，可被幼虫钻入茎中心严重危害，导致死亡。老树枝危害后，有树胶流下。除去树皮可见蛹的丝质和木屑形成的茧，在顶枝基部表面发现常有长木纤维覆盖的孔。根及直径在 1.25cm 以上的枝条均可被害。如成虫取食韧皮部，近 8m 的树体颜色可变成红棕色，严重危害的可造成死亡，或树冠出现烧灼状。幼叶掉落，树木受害状与齿小蠹的为害状相似。

另外，木蠹象取食所造成的伤害使一些病菌，如赤霉菌 *Gibberella subglutinans* 乘虚而入，还能导致树木发病。

形态特征：

成虫 体长 5～8mm，宽 2～3mm，椭圆形，白褐色至近黑色。喙细长，在雌虫、雄虫均比前胸长，触角生于喙的近中间。鞘翅基部与前胸等宽，行间 3 与 5 较宽，且凸起明显。鞘翅后部的鳞片斑通常雌虫比雄虫长 1mm，初羽化成虫淡红色，越冬后变黑，几乎成黑色。前胸、鞘翅及足上具白色毛簇、红棕色鳞片，分片在前胸形成几个小斑点，在鞘翅上形成两条不规则横纹。

卵 卵圆形，长 0.7～0.9mm，宽 0.4～0.6mm，几乎无色，初产时，卵壳光滑明亮。

幼虫 老熟幼虫体长 12mm，体躯白色，头部浅棕色。

蛹 新化蛹时，蛹完全白色，在羽化前，蛹体的上颚、复眼、喙、前胸及足变为橙色。

生物学特征： 一年 1 代。成虫在 4 月、5 月出现，主要取食树的内皮，偶尔取食树干和嫩枝。成虫在夏季很少取食，但在繁殖前取食增加。8～10月开始进行繁殖活动，雌虫在取食孔中产卵1～4粒。雌虫平均每天产卵2粒，一生可产卵180粒，雌虫平均存活约130天。卵储藏在新鲜的树桩或树干中，卵的孵化期1～2周，幼虫在已死去或垂死的树桩的树皮下出现，以幼虫越冬。3～4月在蛹室化蛹。

传播途径：木蠹象属的种类自然传播同该种的飞行特点有关，一般其飞行距离小于100km。最可能由活针叶植物包括圣诞树携带在国际传播。耐猛木蠹象可危害树的所有部分。因此，在残留的树皮下、木材表面及木材中有携带"嵌木茧"的可能性。

检验检疫方法：检验为害症状。禁止输入来自北美的落叶松属、云杉属、松属、黄杉属植物和切枝。针叶树也有一定的风险性，同样采取一定检疫措施。

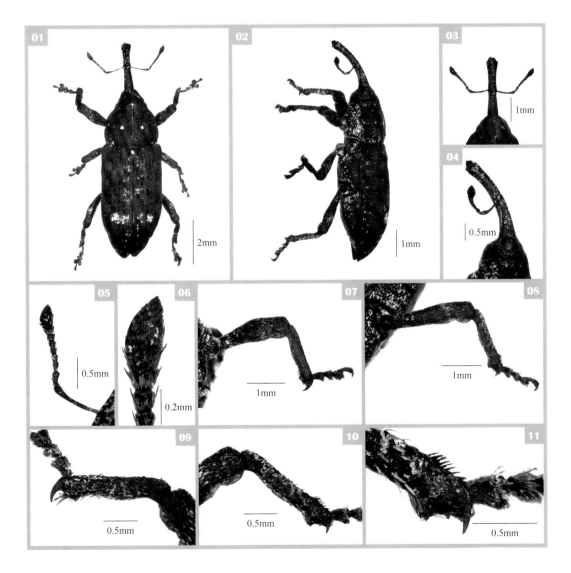

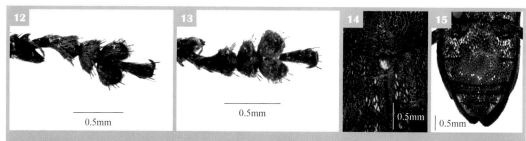

耐猛木蠹象 *Pissodes nemorensis* Germar：01 成虫背面；02 成虫侧面；03 头喙背面；04 头喙侧面；05 触角；06 触角棒；07 前足；08 后足；09 前足胫节；10 后足胫节；11 后足胫节端部；12 后足跗节背面；13 后足跗节腹面；14 小盾片；15 腹板

红木蠹象 *Pissodes nitidus* Roelofs

分类地位：鞘翅目 Coleoptera，象虫科 Curculionidae，魔喙象亚科 Molytinae，木蠹象属 *Pissodes*

英文名：Yellow-spotted pine weevil

分布：亚洲：朝鲜、俄罗斯（远东地区）、韩国、日本、中国（甘肃、河北、河南、黑龙江、湖北、吉林、辽宁、陕西）。

寄主：红松 *Pinus koraiensis*。

危害情况：红木蠹象严重为害红松人工林幼林的树梢，导致嫩枝枯死，引起分杈，严重影响树木成材，被害率可高达 40%~90%。

形态特征：

成虫 体较细长，为黄褐色至暗红褐色；触角、跗节和喙的端部颜色较暗，身体腹面和足被覆白色鳞片，腿节近端部的鳞片形成环状。喙短于前胸背板，前胸背板密被较深且大的刻点，密被白色至浅黄色的较短的鳞片；背板中线隆起明显，被横的粗的皱纹，白色鳞片在中隆线两侧较密集，形成一条纵向的斑；在中隆线两侧近 1/2 处各有一个由较宽且短的白色鳞片形成的小圆斑；背板两侧弧形，后角近呈直角；鞘翅基部微呈二波形；行间 3 和 5 剧烈隆起，但端部不明显隆起，行间 3 和 5 与肩之间有一个略明显的凹陷；行间宽，表面粗糙，密被颗粒，行间被较密的细长的鳞片状的刺及鳞片；行间 5 形成明显隆起的胝；行纹刻点整齐，刻点小，间距大；鞘翅前面有两个黄色的斜向的斑，主要位于行间 4~6；后部有一条宽的白色的带，但行间 6 为黄色鳞片；腹面不均匀地密被白色至淡黄色卵圆形的鳞片。

生物学特征：幼虫在健康的松树嫩梢处发育为害。

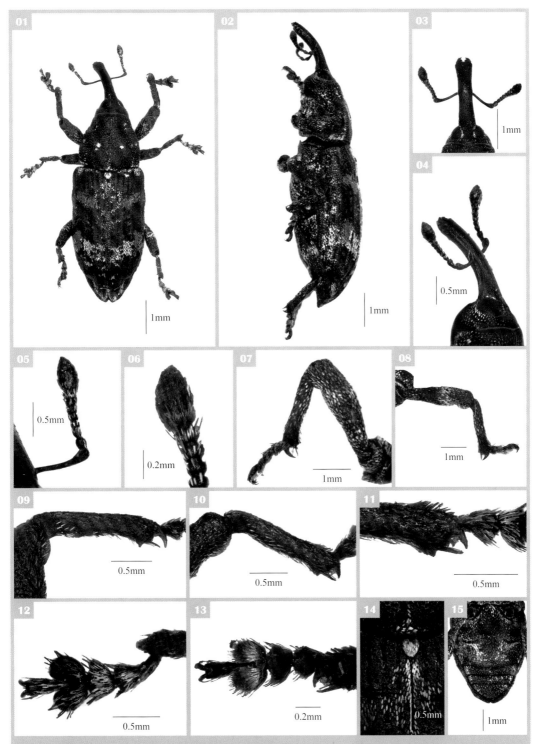

红木蠹象 *Pissodes nitidus* Roelofs：01 成虫背面；02 成虫侧面；03 头喙正面；04 头喙侧面；05 触角；06 触角棒；07 前足；08 后足；09 前足胫节；10 后足胫节；11 后足胫节端部；12 后足跗节背面；13 后足跗节腹面；14 小盾片；15 腹板

黄星木蠹象 *Pissodes obscurus* Roelofs

分类地位：鞘翅目 Coleoptera，象虫科 Curculionidae，魔喙象亚科 Molytinae，木蠹象属 *Pissodes*

英文名：Yellow-spotted black pine weevil

分布：亚洲：俄罗斯（远东地区）、韩国、日本。

寄主：不详。

形态特征：

成虫　体褐色，触角棒节、跗节和喙的端部色较暗，身体腹面和足被覆黄色鳞片，后足腿节近端部的鳞片形成环状；触角着生于喙中部，柄节与索节之和近等长，均长于棒节；前胸背板背面均匀略隆起，中区刻点稀，不相互融合，也不形成皱纹；侧面的刻点较密，相互融合，形成皱纹；前胸背板中线隆起较明显、宽，光滑，在中隆线两侧各有 2 个由松针状黄色鳞片形成的小圆点，内侧的两个较外侧的两个大；背板的两侧特别是端部和基部及基部的中央（小盾片正对的凹陷区域）的黄色鳞片较密集，形成不规则的斑；前胸背板基部略呈二波形，较鞘翅基部略窄，后角小于直角，但略向外侧扩展；鞘翅肩圆，隆起较明显，其上的鳞片淡黄色；行间 3 和 5 隆起较明显，但其端部不明显隆起，行间 3 隆起最明显且最宽，行间 5 与肩之间和行间 3 与中缝之间各有一个略明显的凹陷；行间宽，表面粗糙，密布颗粒，其上的鳞片较密；行间 5 形成较明显隆起的胝；行纹为一列较整齐的刻点列，刻点深且大，坑状至长卵圆形，间隔较大；在距基部 1/5 处由较小的黄色针状鳞片形成小斑，主要位于行间 4；翅坡前有由黄色针状较密的鳞片组成的分离的斑；鞘翅端部有黄色的鳞片形成的不规则的小斑；鞘翅的其余部分有较密的黄色的短的鳞片；鞘翅覆盖臀板，端部较锐。

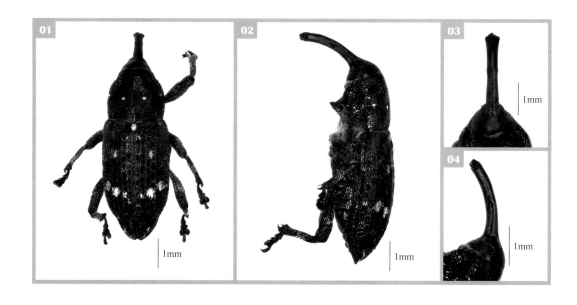

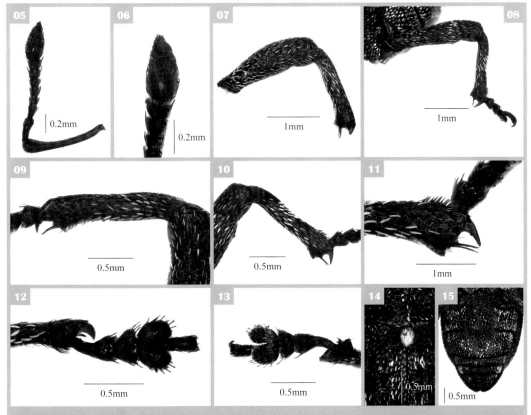

黄星木蠹象 *Pissodes obscurus* Roelofs: 01 成虫背面; 02 成虫侧面; 03 头喙背面; 04 头喙侧面; 05 触角; 06 触角棒; 07 前足; 08 后足; 09 前足胫节; 10 后足胫节; 11 后足胫节端部; 12 后足跗节背面; 13 后足跗节腹面; 14 小盾片; 15 腹面

松树木蠹象 *Pissodes pini* (Linnaeus)

分类地位: 鞘翅目 Coleoptera, 象虫科 Curculionidae, 魔喙象亚科 Molytinae, 木蠹象属 *Pissodes*

英文名: Larger pine weevil, Yellow-spotted saghalien fir weevil

异名: *Pissodes cembrae* Motschulsky; *Pissodes ferrugineus* Rey; *Pissodes japonicus* Niishima

分布: 亚洲: 俄罗斯(东西伯利亚、西西伯利亚、远东地区)、哈萨克斯坦、韩国、吉尔吉斯斯坦、日本、中国(黑龙江、辽宁); 欧洲: 爱尔兰、爱沙尼亚、奥地利、白俄罗斯、保加利亚、比利时、波黑、波兰、丹麦、德国、俄罗斯、法国、芬兰、荷兰、捷克、克罗地亚、拉脱维亚、立陶宛、卢森堡、罗马尼亚、挪威、瑞典、瑞士、斯洛伐克、乌克兰、西班牙、希腊、匈牙利、意大利、英国。

寄主: 欧洲赤松 *Pinus sylvestris*、北美乔松 *Pinus strobus*、山松 *Pinus montana*、云杉属 *Picea* spp.、落叶松属 *Larix* spp.。

形态特征：

成虫　体长 7.0～9.0mm，深褐色至黑色；前胸前面的斑弓形，延伸直至后面的斑；前胸几乎不比鞘翅基部窄；前胸端部缩窄，从端部向中部逐渐变宽，后角呈直角，不外突；前胸背板上的刻点密，粗糙，形成皱纹，基部有弱的凹陷。鞘翅有两条黄色的横带，前面的带由行间 4～6 的两个斜的黄色的斑组成，后面的带完整，由小的斑组成；爪及触角颜色深（柄节除外，柄节淡红色）。鞘翅前面低洼，行纹的刻点形成大的近等的坑；行间隆起，行间 3、5、7 较其他行间宽且较隆起。

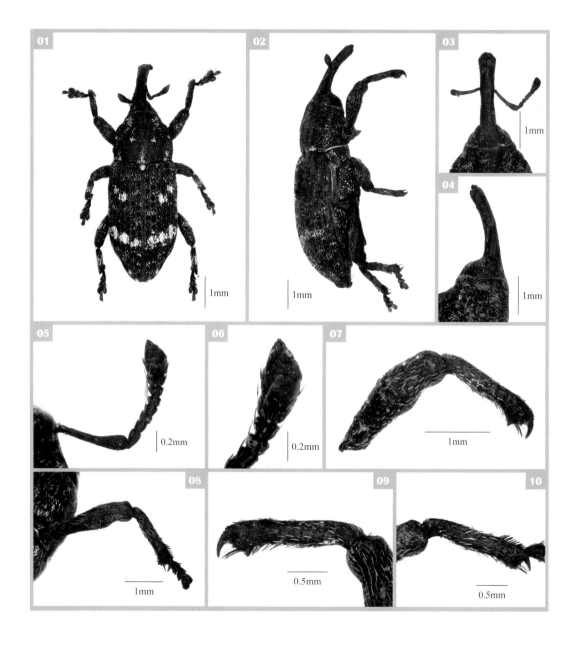

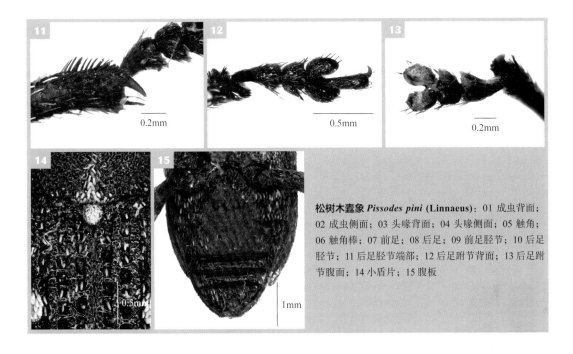

松树木蠹象 *Pissodes pini* (Linnaeus)：01 成虫背面；
02 成虫侧面；03 头喙背面；04 头喙侧面；05 触角；
06 触角棒；07 前足；08 后足；09 前足胫节；10 后足
胫节；11 后足胫节端部；12 后足跗节背面；13 后足跗
节腹面；14 小盾片；15 腹板

菲利木蠹象 *Pissodes piniphilus* (Herbst)

分类地位：鞘翅目 Coleoptera，象虫科
Curculionidae，魔喙象亚科 Molytinae，木蠹
象属 *Pissodes*

分布：亚洲：俄罗斯（东西伯利亚、西西伯
利亚、远东地区）；欧洲：爱沙尼亚、白俄
罗斯、保加利亚、比利时、波兰、丹麦、德
国、俄罗斯、法国、芬兰、荷兰、捷克、拉
脱维亚、立陶宛、卢森堡、罗马尼亚、挪
威、瑞典、瑞士、斯洛伐克、乌克兰、西班
牙、匈牙利、意大利、英国。

寄主：松属 *Pinus* spp.（如欧洲赤松 *Pinus
sylvestris*）、高加索冷杉 *Abies nordmanniana*。

形态特征：

成虫　体长 4.0～5.0mm，黑褐色至褐色，
触角、腿节及胫节褐色至铁色；触角索节 2
宽略大于长；前胸隆，基部的横向的凹陷
短，前胸背板刻点较稀且较浅，刻点之间不
相互融合，不形成皱纹，刻点之间的间隔光
滑且间距大于刻点；前胸后角明显圆形，前
胸背板基部较明显的呈二波形；鞘翅行间微
隆，行纹的刻点近方形，密，不深，排列很
有规律；鞘翅仅有后面的一条带，很宽，黄
色，带向里只扩展到行间 4；鞘翅端部的条
带形成的鳞片密，黄色。

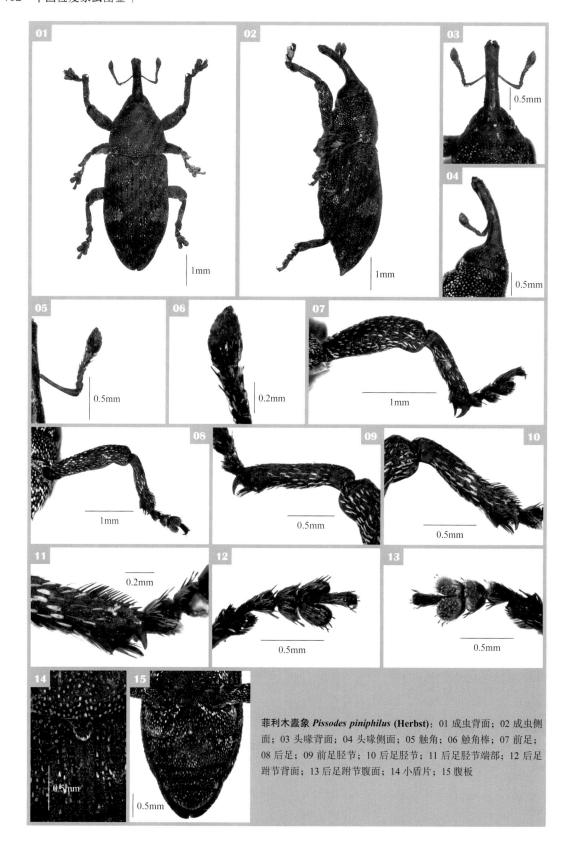

菲利木蠹象 *Pissodes piniphilus* (Herbst)：01 成虫背面；02 成虫侧面；03 头喙背面；04 头喙侧面；05 触角；06 触角棒；07 前足；08 后足；09 前足胫节；10 后足胫节；11 后足胫节端部；12 后足跗节背面；13 后足跗节腹面；14 小盾片；15 腹板

条纹木蠹象 *Pissodes striatulus* (Fabricius)

分类地位：鞘翅目 Coleoptera，象虫科 Curculionidae，魔喙象亚科 Molytinae，木蠹象属 *Pissodes*

英文名：Balsam bark weevil

异名：*Pissodes dubius* Randall; *Pissodes fraseri* Hopkins; *Pissodes piperi* Hopkins

分布：北美洲：加拿大（安大略、不列颠哥伦比亚、魁北克）、美国（爱达荷、北卡罗来纳、俄克拉何马、华盛顿、马萨诸塞、密歇根、缅因、明尼苏达、纽约、新罕布什尔）。

寄主：冷杉属 *Abies* spp.，如香脂冷杉 *Abies balsamea* L.。

形态特征：

成虫 体长 4.8～5.7mm，长圆形，黑色；鞘翅鳞片斑小且有许多零散的白色或黄色的不明显的鳞片；喙与前胸几乎等长；前胸比鞘翅窄，前胸背板凸，刻点无规律，不明显分离，后角钝。

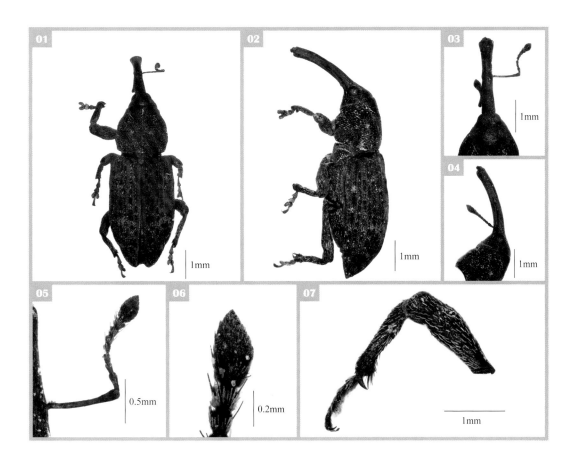

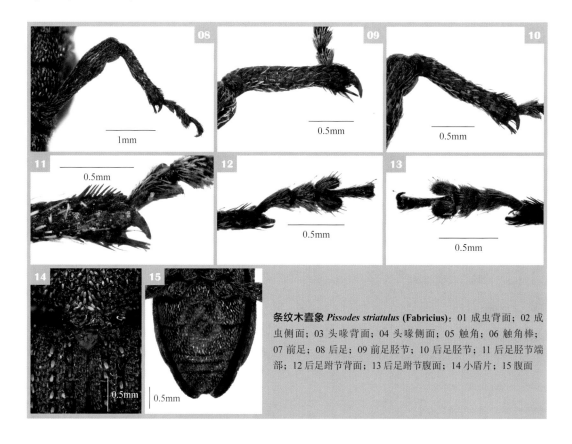

条纹木蠹象 *Pissodes striatulus* **(Fabricius)**：01 成虫背面；02 成虫侧面；03 头喙背面；04 头喙侧面；05 触角；06 触角棒；07 前足；08 后足；09 前足胫节；10 后足胫节；11 后足胫节端部；12 后足跗节背面；13 后足跗节腹面；14 小盾片；15 腹面

白松木蠹象 *Pissodes strobi* (Peck)

分类地位：鞘翅目 Coleoptera，象虫科 Curculionidae，魔喙象亚科 Molytinae，木蠹象属 Pissodes

英文名：White pine weevil, Sitka spruce weevil

异名：*Pissodes sitchensis* Hopkins; *Pissodes engelmanni* Hopkins

分布：北美洲：加拿大（艾伯塔、安大略、不列颠哥伦比亚、魁北克、曼尼托巴、萨斯喀彻温、新不伦瑞克、新斯科舍）、美国（东部各州、华盛顿、加利福尼亚、科罗拉多）、墨西哥。

寄主：各种松类及云杉，包括欧洲云杉 *Picea abies*、恩氏云杉 *Picea engelmannii*、白云杉 *Picea glauca*、黑云杉 *Picea mariana*、北美云杉 *Picea pungens*、红云杉 *Picea rubens*、阿拉斯加杉 *Picea sitchensis*、北美短叶松 *Pinus banksiana*、扭叶松 *Pinus contorta*、辛松 *Pinus pungens*、多脂松 *Pinus resinosa*、刚松 *Pinus rigida*、北美乔松 *Pinus strobus*、欧洲赤松 *Pinus sylvestris*、花旗松 *Pseudotsuga menziesii* 等植物。

危害情况：由于成虫取食和幼虫蛀食，能导致 4 种形式的危害：生长速度减慢、树干变形、感染树木腐烂病症的概率增加及导致小树死亡。危害的主要症状有树顶梢枯萎、变黄；枯死的顶枝出现垂直生长枝并轮生一个或多个枝条，导致顶枝弯曲及产生很多分叉，连续遭受侵害导致树木灌木化、矮化。春季危害后，不断从树顶枝或直立末梢上取食孔中流出树胶。

在北美洲，该虫是严重为害北美乔松的害虫，不仅降低木材质量，而且造成材积损失。1967 年，美国新汉普郡，该虫在可锯木材林中为害，造成可锯木部分材积损失约 4%。1980～1983 年，在加拿大安大略省，每年造成年生长量的损失为 8000m³。每年材积损失达 15 400m³。另外造成木材损失 15 600m³，损失总价值的 25%。

形态特征： 白松木蠹象和喜马拉雅杉木蠹象形态十分相似。喜马拉雅杉木蠹象成虫平均体长比白松木蠹象成虫大，体形更细长，喙更长及翅上的斑点要小些。

成虫 体长 5～8mm，宽 2～3mm。通常雌虫比雄虫长 1mm，初羽化成虫淡红色，越冬后变黑，几乎成黑色。头椭圆形，喙弯曲，同前胸等长，触角生于喙的近中间，棒节上有白色斑点。前胸、鞘翅及腿节上具不规则白色和红棕色小斑点。

卵 卵圆形，长 0.7～0.9mm，宽 0.4～0.6mm，白色，初产时，卵壳光滑明亮。

幼虫 无足，黄白色，头部淡棕色。老熟幼虫体长 12mm。

蛹 新化蛹时，蛹完全白色，在羽化前，蛹体的上颚、复眼、喙、前胸及足变为橙色。

生物学特征： 一年 1 代，但有些成虫可持续产卵，寿命达 4 年。成虫在针叶落叶层或树干上部越冬。3 月或 4 月末离开越冬场所，爬行或飞到寄主植物的端梢（记载最长飞行距离，雄虫为 74km，雌虫为 85km）。雌虫 5～6 月开始产卵，平均一头雌虫一生可以产卵 100 粒。卵在 7～10 天内孵化。7 月末、8 月至 9 月初，有大量成虫出现，树干上会留下很多圆形羽化孔。成虫在内树皮和形成层上取食，咬成直径达 2.5mm 的洞。刺激物可影响该虫的取食活动。成虫直到 10 月和 11 月越冬前停止取食。雄虫在越冬前已性成熟，但雌虫越冬前已受精，性仍未成熟。

传播途径： 成虫通过飞行进行短距离扩散，一般其飞行距离小于 100km，幼虫、蛹可通过寄主植物的幼苗携带传播。最可能由活针叶植物包括圣诞树携带在国际传播。白松木蠹象仅危害幼树，不能通过木材携带。

检验检疫方法： 检验为害症状。禁止输入来自北美洲的落叶松属、云杉属、松属、黄杉属植物和切枝。针叶树也有一定的风险性，同样采取一定检疫措施。

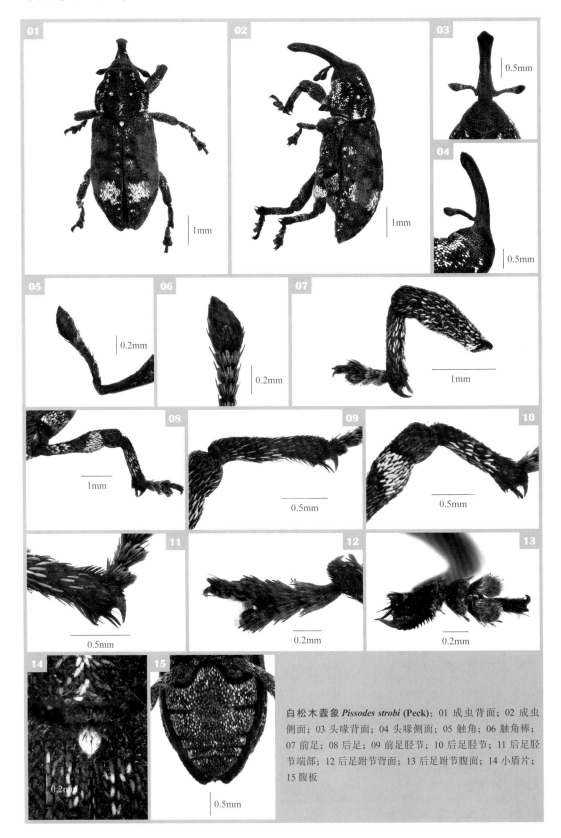

白松木蠹象 *Pissodes strobi* (Peck)：01 成虫背面；02 成虫侧面；03 头喙背面；04 头喙侧面；05 触角；06 触角棒；07 前足；08 后足；09 前足胫节；10 后足胫节；11 后足胫节端部；12 后足跗节背面；13 后足跗节腹面；14 小盾片；15 腹板

樟子松木蠹象 *Pissodes validirostris* (Sahlberg)

分类地位： 鞘翅目 Coleoptera，象虫科 Curculionidae，魔喙象亚科 Molytinae，木蠹象属 *Pissodes*

英文名： Pine cone weevil

异名： *Pissodes strobyli* Redtenbacher; *Pissodes validirostris* Gyllenhyl

分布： 亚洲：俄罗斯（东西伯利亚、西西伯利亚、远东地区）、中国（黑龙江、湖北、内蒙古）；欧洲：爱沙尼亚、白俄罗斯、比利时、波黑、波兰、丹麦、德国、俄罗斯、法国、芬兰、荷兰、捷克、拉脱维亚、立陶宛、罗马尼亚、挪威、葡萄牙、瑞典、瑞士、斯洛伐克、乌克兰、西班牙、匈牙利、意大利、英国。

寄主： 樟子松 *Pinus sylvestris* var. *mongolica* Litv.。

危害情况： 幼虫在樟子松的松果中发育，球果被害率达 40%，严重影响种子的数量和质量，为天然更新、采种造林带来困难。

形态特征：

成虫　体长 5.0～7.0mm；体壁锈褐色，被覆不很密的鳞片；前胸背板后角较锐，背面密被较深且大的刻点，刻点相连；前胸背板基部不呈二波形，较鞘翅基部略窄；鞘翅行间颗粒粗，鞘翅背面密被鳞片；鞘翅有两条带，前带由两个橙黄色斑点构成，后带几乎横贯鞘翅全部，外端宽，橙黄色，内端向鞘翅缝缩窄，淡黄色至乳白色。

生物学特征： 此虫一年发生 1 代，以成虫在树干的鳞片下越冬，翌年 5 月中旬开始活动，6 月间产卵。产卵时，雌虫先用喙插入幼果鳞片内钻一小孔，然后转身产卵于小孔内，每次产卵 1 粒。幼虫开始为害球果的鳞片基部及种子的胚乳，到七八月下旬取食球果中心，8 月间成虫羽化，羽化后躲入树干鳞片下越冬。

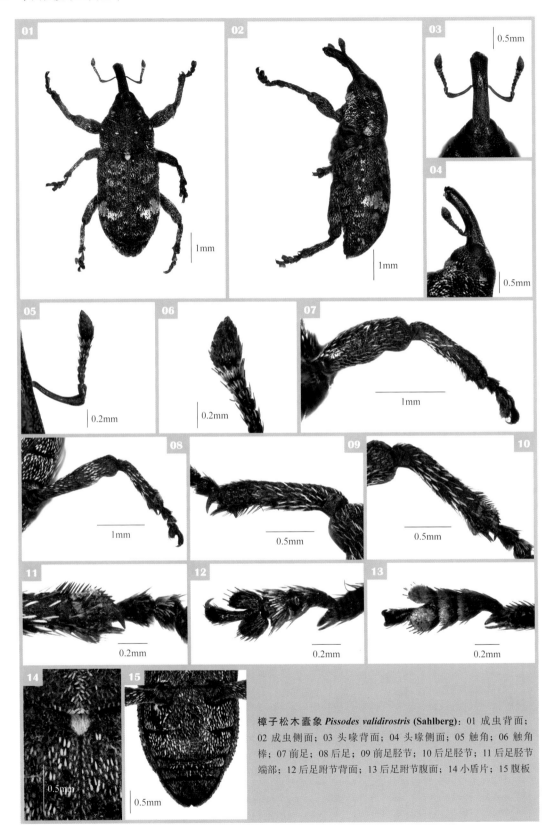

樟子松木蠹象 *Pissodes validirostris* (Sahlberg)：01 成虫背面；02 成虫侧面；03 头喙背面；04 头喙侧面；05 触角；06 触角棒；07 前足；08 后足；09 前足胫节；10 后足胫节；11 后足胫节端部；12 后足跗节背面；13 后足跗节腹面；14 小盾片；15 腹板

甘蔗象属
Rhabdoscelus Marshall, 1943

分类地位：鞘翅目 Coleoptera，象虫科 Curculionidae，隐颏象亚科 Dryophthorinae

分类特征：鞘翅通常具斑纹，行纹刻点较大，鞘翅行纹 10 缩短、不完整，向后未超过后胸前侧片后端；后胸后侧片不扩大、宽于鞘翅侧面行间宽度，其背侧边缘短于腹板 1 的侧缘；小盾片长远大于宽，两侧近平行，宽度通常与行间 1 相等或窄于行间 1；中足基节彼此分离较远，两基节间距离大于单个基节宽度；胫节端部仅具一粗壮的钩，端刺缺失或不明显；跗节 3 不呈二叶状，端部宽大几乎成一直线，远宽于跗节 1 或 2，跗节 4 着生于跗节 3 近中部，更接近跗节 3 的基部；臀板不具沟。

生物学概况：主要为害甘蔗、棕榈科植物等，以幼虫在叶鞘及茎秆内部组织钻蛀为害，老熟幼虫在叶鞘与茎秆间，以为害后的纤维包裹作茧化蛹。棕榈科植物受害较重时叶片枯黄，严重时死亡。甘蔗茎秆被蛀后常枯死，田间常见枯死植株。

分布：印度至菲律宾至新几内亚至阿鲁群岛一带、澳大利亚、日本、太平洋岛屿。

种类数量：世界已知种类约 10 种，古北区已记述 4 种，中国已知 2 种。其中几内亚甘蔗象 *Rhabdoscelus obscurus*（Boisduval）为广泛分布的一种重要害虫。

种类检索表

1. 鞘翅行间 2 从小盾片端部开始向基部仅略狭缩，不十分明显，行间 4 和 5 在鞘翅基部宽度几乎相等，行纹 2 和 3 几乎直；触角索节 7 与 6 长度近相等；前胸背板刻点小 ························ **褐纹甘蔗象 *Rhabdoscelus similis***
鞘翅行间 2 从小盾片端部处开始向鞘翅基部明显缩窄，行间 5 基部明显宽于行间 4，鞘翅行纹 2、3 在近基部处向内弯曲；触角索节 7 明显长于索节 6；前胸背板中间近基部具大而圆的刻点 ························ **几内亚甘蔗象 *Rhabdoscelus obscurus***

褐纹甘蔗象 *Rhabdoscelus similis* (Chevrolat)

分类地位： 鞘翅目 Coleoptera，象虫科 Curculionidae，隐颏象亚科 Dryophthorinae，甘蔗象属 *Rhabdoscelus*

英文名： Asian palm weevil

异名： *Cercidocerus similis* Chevrolat; *Rhabdocnemis lineaticollis* Heller; *Rhabdoscelus lineaticollis*（Heller）

分布： 亚洲：菲律宾、日本、中国（台湾）。

寄主： 多种棕榈科经济植物或观赏植物，主要有椰子、西谷椰子 *Metroxylon sagu*、大王椰子 *Roystonea regia*、丝葵 *Washingtonia filifera*、槟榔 *Areca catechu*、假槟榔 *Archontophoenis alexandrae*、海枣 *Phoenix dactylifera*、刺葵 *Phoenix loureiroi*、蒲葵、棍棒椰子 *Mascarena verschaffeltii*、散尾葵 *Chrysalidocarpus lutescens*、*Ptychosperma* sp. 以及甘蔗等。

危害情况： 主要以幼虫在叶鞘及茎秆内部组织钻蛀为害，幼虫钻蛀椰子等多种棕榈科植物寄主和甘蔗的叶鞘和茎秆，造成大量纵横交错的孔洞及虫道。在椰子苗期，低龄幼虫会在椰子苗基部叶鞘包围着的幼嫩茎钻蛀形成不规则的取食痕，高龄幼虫钻入茎秆内为害，椰子茎秆受害后表面常出现流胶。褐纹甘蔗象也为害大株椰子，幼虫钻入椰子树茎秆后表面有孔洞，椰子受害茎为害状愈合后常留有为害痕。老熟幼虫在叶鞘与茎秆间，以为害后的纤维包裹作茧化蛹。棕榈科植物受害较重时叶片枯黄，严重时死亡。甘蔗茎秆被蛀后常枯死，田间常见枯死植株。

形态特征：

成虫　体长 15mm，宽 5mm。身体赭红色，具黑褐色和黄褐色纵纹。触角索节 6 节，棒不扁平，端部 1/3 密布细绒毛。前胸背板基部略呈圆形，背面略平，具 1 条明显的黑色中央纵纹，该纵纹在基部 1/2 扩宽，中间具有一明显的黄褐色纵纹。小盾片黑色，长舌状。鞘翅赭红色，行间 2、3 基部 1/3、4、6 近基部，2～6 的端部 1/3 处以及行间 8、9 的端部 1/2 和 10 的基部 1/2 均具明显黑褐色纵纹。臀板外露，具明显深刻点，端部中间刚毛组成脊状。足细长，跗节 4 退化，隐藏于 3 中，3 二叶状，显著宽于其他各节。

幼虫　体长 15～20mm，无足，略呈纺缍形，腹部中央突出。头部呈红棕色，椭圆形，上颚红棕色。前胸背板呈淡黄褐色。

蛹　长约 13mm，宽 6mm，体色呈土黄色略带白色，具赭红色瘤突。腿节末端外部有突刺，较体色略暗。

生物学特征： 老熟幼虫在宿存叶鞘与茎秆间，以为害后的纤维包裹作茧化蛹。成虫有明显负趋光性，遇惊吓有假死现象，多躲藏于叶鞘内或幼虫蛀道内，产卵于椰子或甘蔗茎秆内或叶鞘内，有时也产卵于叶脉间、茎秆或叶鞘表面留有变色小孔。幼虫孵化后在椰子或甘蔗茎秆内部钻食为害，形成隧道。成虫寿命为（208±44.9）天，从羽化至第 208 天的成虫存活率为 78.6%。产卵期为 179 天，平均产卵量（73.4±22.4）粒。在 25℃下，卵期为（4.8±0.4）天，幼虫期为（43.7±11.3）天，蛹期（9.2±0.9）天；从卵至羽化需 48～87 天。在 28 ℃ 下，卵期、幼虫期、前蛹及蛹期分别为（4.75±0.4）天、（29.39±8.88）天、（18.97±5.68）天和（9.17±0.94）天。

传播途径：主要以卵、幼虫、蛹、成虫随棕榈苗木和甘蔗携带进行远距离传播。由于该虫生活于寄主植物茎秆内，若未经处理而调运寄主植物，存活率很高。该虫也可以通过飞行作短距离扩散。

检验检疫方法：对引入的棕榈科植物苗木和甘蔗进行严格检疫，特别是对来自菲律宾、中国台湾和日本冲绳的相关材料。检查棕榈植物和甘蔗有无孔洞、虫道等为害状，有无各种虫态存在。在棕榈科植物和甘蔗田进行害虫监测，发现害虫危害的植物，立即进行药剂处理或者焚毁。

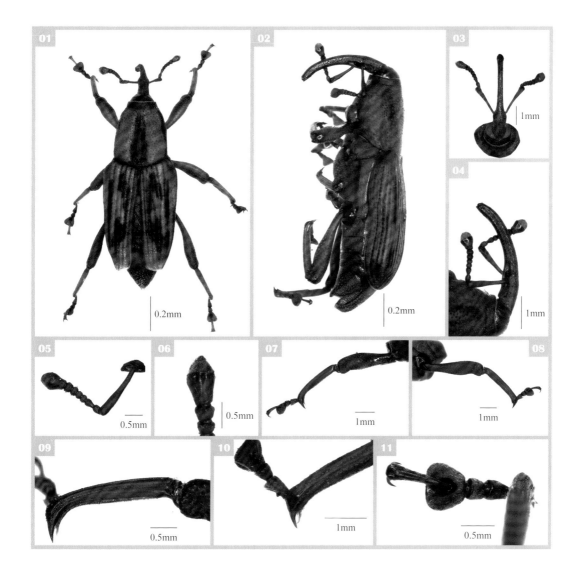

褐纹甘蔗象 *Rhabdoscelus similis* (Chevrolat)：01 成虫背面；02 成虫侧面；03 头喙背面；04 头喙侧面；05 触角；06 触角棒；07 前足；08 后足；09 前足胫节；10 后足胫节端部；11 后足跗节背面；12 后足跗节腹面；13 小盾片；14 腹板；15 臀板；16 幼虫；17 茧；18 危害状

几内亚甘蔗象 *Rhabdoscelus obscurus* (Boisduval)

分类地位：鞘翅目 Coleoptera，象虫科 Curculionidae，隐颏象亚科 Dryophthorinae，甘蔗象属 *Rhabdoscelus*

英文名：New guinea sugarcane weevil, Beetle borer, Cane weevil borer, Sugarcane weevil borer

异名：*Calandra obscura* Boisduval; *Sphenophorus beccarii* Pascoe; *Sphenophorus insularis* Boheman; *Sphenophorus interruptecostatus* Schaufuss; *Sphenophorus maculatus* Matsumura; *Sphenophorus nudicollis* Kirsch; *Sphenophorus promissus* Pascoe; *Sphenophorus tincturatus* Pascoe; *Rhabdocnemis obscura*（Boisduval）; *Rhabdocnemis fausti* Gahan; *Rhabdocnemis maculata* Schaufuss

分布：亚洲：日本、中国（台湾）；大洋洲：澳大利亚、巴布亚新几内亚、斐济、夏威夷及其他太平洋岛屿。

寄主：甘蔗、椰子、西米椰子、槟榔 *Areca catechu*、散尾葵 *Chrysalidocarpus lutescens*、槟榔竹及其他棕榈树。偶尔也寄生在木瓜树、玉米和香蕉上。

危害情况：几内亚甘蔗象主要为害甘蔗的茎，幼虫在茎内蛀食。通常先为害茎的基部，然后爬到更高的地方，也可为害甘蔗的根，还可导致赤腐病。受为害的植株容易倒伏，特别是台风季节。为害的主要症状为在叶基部的孔中和接近基部裂开的茎中有果冻状的分泌物渗出。如果幼虫的种群数量很大，则导致茎秆变色。

形态特征：

成虫　咖啡色，体长 12～15mm（不同个体的体长、体色差异很大）。喙长而弯曲，雄虫喙腹面粗糙而雌虫的表面光滑。中足基节之间的距离超过中足基节的宽度。鞘翅有明显的暗红色斑纹，行纹刻点较大。臀板明显外露。

卵　长 14mm，稍弯曲，光滑，乳白色。

幼虫　无足，乳白色，最长为 15mm，最宽为 7mm，被覆刚毛，头部卵圆形，红棕色，宽 3mm，口器红棕色，上颚在顶部分两半，但通常脱落。

生物学特征：一年 3 代，可以在任何发育阶段越冬。成虫白天躲避在甘蔗叶鞘中，夜间出来活动。成虫可以存活 10～12 个月，雌虫主要在成年的甘蔗茎的外层和叶基部钻蛀，将卵逐粒产于产卵孔中，一生产卵 1500 粒，卵期约 6 天，幼虫蛀食甘蔗茎的内部组织，幼虫期 10～12 星期，之后在纤维制成的茧中化蛹。蛹期 8～10 天。

传播途径：成虫具一定的飞行能力。可以卵、幼虫、蛹、成虫随棕榈苗木和甘蔗携带进行远距离传播。

检验检疫方法：检查甘蔗的为害症状。

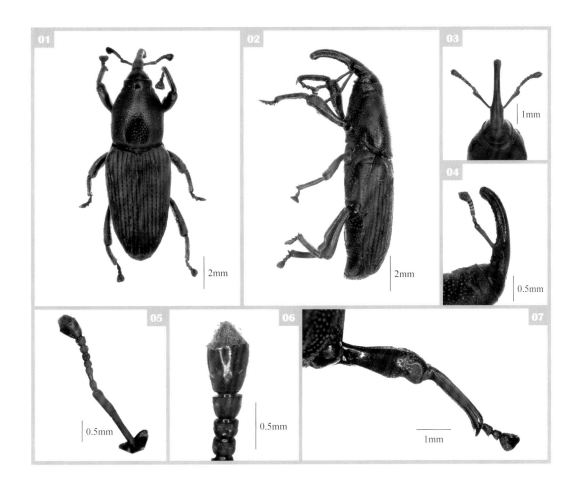

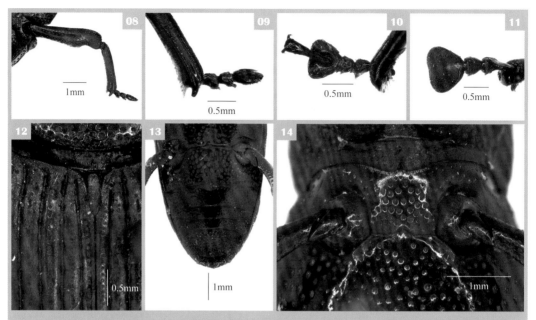

几内亚甘蔗象 *Rhabdoscelus obscurus* **(Boisduval)**：01 成虫背面；02 成虫侧面；03 头喙背面；04 头喙侧面；05 触角；06 触角棒；07 前足；08 后足；09 后足胫节端部；10 后足跗节背面；11 后足跗节腹面；12 小盾片；13 腹板；14 中胸腹面示中足基节间长度

虎象属
Rhynchites Schneider, 1791

分类地位： 鞘翅目 Coleoptera，卷象科 Attelabidae，齿颚象亚科 Rhynchitinae

分类特征： 体壁绿色、蓝紫色或青铜色，具金属光泽，被覆长而尖的白色或金黄色刚毛；喙具刻点，无隆脊，雄性喙长且较弯，触角着生于中部或中部之前，雌性喙较直，触角着生于喙中部或中部之后；眼较小，凸隆，雄性凸隆更强烈；额宽，凸隆，密布刻点，在额中部具一小坑；头顶凸隆，具刻点；头在眼后不狭缩；触角相当长，柄节和索节 1 卵形，索节 1 短于 2，索节 2～5 长卵形，索节 6 卵形，索节 7 短棒状，触角棒相当宽且较紧密，末端尖；前胸背板宽大于长，两侧凸圆，中间或中间之后最宽，前胸背板背面中间有时具一细的中纵脊，背面凸隆，密布刻点或具褶皱，中纵脊两侧有时具较大的凹坑，雄性前胸两侧近前缘处具一尖锐的长齿，齿指向身体前方；小盾片梯形或近方形；鞘翅近长方形，中间最宽，肩发达，行间宽，具刻点，行纹刻点粗大或不清晰；腹部凸隆，具刻点，腹板 1～3 宽，腹板 4 和 5 窄；臀板凸隆，具刻点；足长，腿节较粗，胫节几乎直，端部略外扩。

生物学概况： 幼虫取食根系和嫩芽，钻蛀果实，造成果实提前脱落或畸形。成虫可以取食植株的各个部位。

分布： 古北区、新北区。

种类数量： 该属目前北美洲已知 1 种，古北区已知 18 种，中国已知 5 种。

种类检索表

1. 前胸背板两侧凸圆，基部 1/3 处最宽，前胸背板前缘明显窄于后缘；鞘翅刻点密集，在鞘翅表面略呈褶皱，行纹不十分明显；触角索节 7 念珠状；体表刚毛密集·······························
·· **欧洲苹虎象 *Rhynchites bacchus***
前胸背板两侧近平行，基部 1/3 之后最宽，前胸背板前缘与后缘长度近相等；鞘翅刻点较密集，行纹刻点大、明显；触角索节 7 短棒状；体表刚毛稀疏·········· **日本苹虎象 *Rhynchites heros***

欧洲苹虎象 *Rhynchites bacchus* (Linnaeus)

分类地位：鞘翅目 Coleoptera，卷象科 Attelabidae，齿颚象亚科 Rhynchitinae，虎象属 *Rhynchites*

英文名：Peach weevil

异名：*Rhynchites circassicus* Voss; *Rhynchites cupreatus* Voss; *Rhynchites jekeli* Desbrochers des Loges; *Rhynchites laetus* Germar; *Rhynchites splendidus* Krynicki

分布：亚洲：俄罗斯（西西伯利亚）、哈萨克斯坦、土耳其、土库曼斯坦、乌孜别克斯坦、伊朗、以色列、中国（新疆）；非洲：阿尔及利亚；欧洲：阿尔巴尼亚、奥地利、白俄罗斯、保加利亚、比利时、波黑、波兰、德国、俄罗斯、法国、荷兰、黑山、捷克、克罗地亚、立陶宛、卢森堡、罗马尼亚、马其顿、摩尔达维亚、挪威、葡萄牙、瑞典、瑞士、塞尔维亚、斯洛伐克、斯洛文尼亚、土耳其、乌克兰、西班牙、希腊、匈牙利、意大利。

寄主：李、苹果、桃。

危害情况：主要由成虫取食嫩芽和幼虫取食幼果造成，且成虫取食造成的伤口促进了真菌 *Sclerotinia fructigena* 的感染。幼虫钻蛀果实，在果核或果实中取食，造成果实提前脱落或畸形。

形态特征：

成虫　体长 4.5～6.5mm，暗红色到紫色，略带金属光泽，覆棕色毛被。喙与虫体近等长，触角棒节明显。鞘翅长大于宽。

生物学特征：两年 1 代。成虫在树皮裂缝或其他隐蔽场所越冬，成虫恢复活动后破坏大量嫩芽，并取食嫩叶、芽、花甚至幼果。3～4 周后，成虫交配并产卵。雌虫产卵于芽或幼果，并切割产卵的果柄。每雌平均产卵100～150 粒。卵期 5～9 天。幼虫取食果肉，一个月后离开果实进入土壤中，在土室中滞育 13～14 个月。第二年夏化蛹，成虫出现于9 月，取食叶片和花芽，然后在树皮下越冬。

传播途径：成虫具一定的飞行能力，幼虫可以随寄主果实传播，蛹可以随土壤传播。

检验检疫方法：检查为害症状，严禁从疫区输入李、苹果、桃等水果。

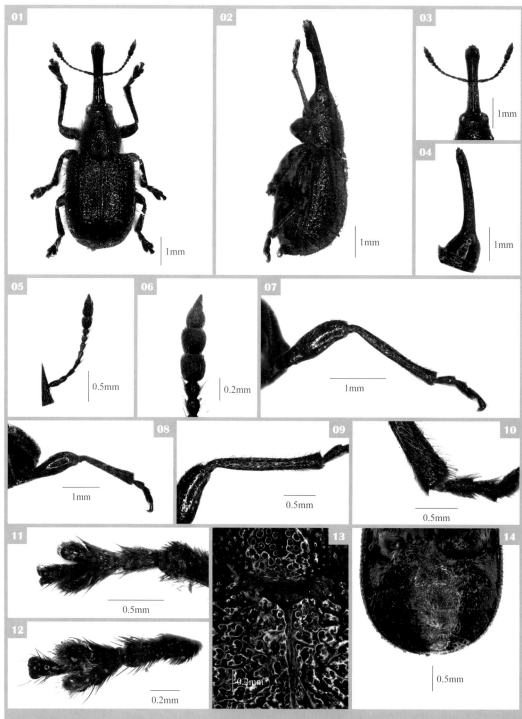

欧洲苹虎象 *Rhynchites bacchus* (Linnaeus)：01 成虫背面；02 成虫侧面；03 头喙背面；04 头喙侧面；05 触角；06 触角棒；07 前足；08 后足；09 前足胫节；10 后足胫节端部；11 后足跗节背面；12 后足跗节腹面；13 小盾片；14 腹板

日本苹虎象 *Rhynchites heros* Roelofs

分类地位： 鞘翅目 Coleoptera，卷象科 Attelabidae，齿颚象亚科 Rhynchitinae，虎象属 *Rhynchites*

英文名： Japanese pear weevil

异名： *Rhynchites foveipennis* Fairmaire；*Rhynchites ignitus* Voss；*Rhynchites koreanus* Kôno；*Rhynchites mongolicus* Voss；*Rhynchites sumptuosus* Roelofs

分布： 亚洲：朝鲜、俄罗斯（东西伯利亚、远东地区）、韩国、蒙古国、日本、中国（北京、福建、广东、广西、贵州、河北、河南、黑龙江、湖北、湖南、吉林、江苏、江西、辽宁、内蒙古、宁夏、山东、山西、陕西、四川、新疆、云南、浙江）。

寄主： 桃、梨、苹果、樱桃、杏、李、枇杷、无花果等。

危害情况： 幼虫取食根系和嫩芽，钻蛀果实。成虫可以取食植株的各个部位。雌虫产卵于幼果后，切割果柄，导致大量落果，方便幼虫进入土壤化蛹，因此收获的成熟果实不含卵或幼虫。

形态特征：

成虫 体长 10mm，体背面红紫铜色发金光，略带绿色或蓝色反光，腹面深紫铜色。喙端部、触角蓝紫色。全身密布大小刻点和长短直立、半直立茸毛，腹面毛灰白色，较长而密。头宽略大于长，额宽略大于眼长。眼小，凸隆。喙粗壮，长约等于头胸之和。雄虫喙端部较弯，触角着生于喙端部 1/3 处；雌虫喙较直，触角着生于喙中部。触角柄节长于索节 1，索节 2、3 等长，约为柄节和索节 1 之和。前胸宽略大于长，两侧略圆，前缘之后和基部之前略缢缩，中间之后最宽，中沟细而浅，两侧有 1 倒"八"字的斜浅窝；雄虫前胸腹板前区宽，基节前外侧各有 1 个钝齿，雌虫前胸腹板前区十分窄，基节前外侧无齿。小盾片倒梯形。鞘翅肩胝明显，基部两侧平行，向后缩窄，分别缩圆，行纹刻点大而深，刻点间隆起，行间宽；鞘翅背面形成横隆线，行间密布不规则刻点；臀板外露，密布刻点和毛。足腿节棒状，胫节细长；爪分离，有齿爪。

生物学特征： 一年 1 代。越冬成虫于 4 月出现，取食嫩芽。3～4 天内开始交配，2 天后开始产卵。雌虫在幼果上咬约 7mm 深的孔洞，每孔产卵 1～3 粒，通常每果上仅一个孔洞。每次产卵 35～50 粒，卵期约 1 周。幼虫在果内取食，有时也可能脱果取食草根和腐败蔬菜，幼虫历期 40～50 天。土中化蛹，蛹期 3～4 周。晚熟幼虫在土室内越冬，春天化蛹。被害果易脱落。

传播途径： 成虫具一定的飞行能力，幼虫可以随寄主果实传播，蛹可以随土壤传播。

检验检疫方法： 检查为害症状，严禁从疫区输入桃、梨、苹果等水果。

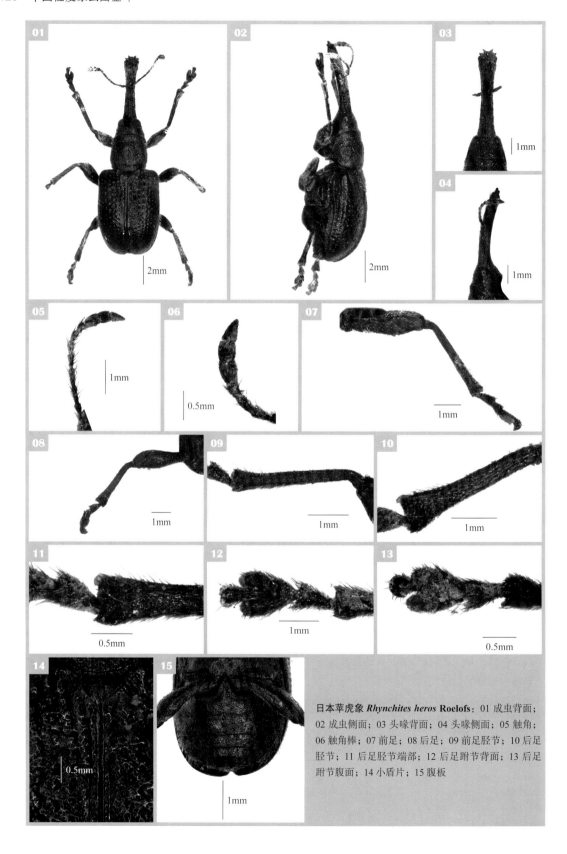

日本苹虎象 *Rhynchites heros* Roelofs：01 成虫背面；02 成虫侧面；03 头喙背面；04 头喙侧面；05 触角；06 触角棒；07 前足；08 后足；09 前足胫节；10 后足胫节；11 后足胫节端部；12 后足跗节背面；13 后足跗节腹面；14 小盾片；15 腹板

棕榈象属
Rhynchophorus Herbst, 1795

分类地位： 鞘翅目 Coleoptera，象虫科 Curculionidae，隐颏象亚科 Dryophthorinae

分类特征： 触角膝状，索节 6 节。后胸前侧片光滑无刻点，宽大、上缘、下缘平行，向端部不缩狭。前足基节分离，各足胫节近端部腹面无刺；前足胫节端部外缘具 2 枚钝齿，中足胫节和后足胫节端部外缘不具齿；各足跗节伪 4 节。臀板外露。

生物学概况： 棕榈象属主要为害棕榈科植物，包括椰子、椰枣等，也为害香蕉、木瓜、可可、甘蔗等作物。

分布： 主要分布于热带地区，北美洲南部、中美洲、南美洲、非洲、东南亚、中国、日本。

种类数量： 该属目前世界已记述种类 10 种，中国有分布的 1 种，包括多种重要害虫，如锈色棕榈象 *Rhynchophorus ferrugineus*（Olivier）、美洲棕榈象 *Rhynchophorus palmarum*（Linnaeus）、椰枣棕榈象 *Rhynchophorus phoenicis*（Fabricius）等。

种类检索表

1. 前胸背板基部向后突出明显，呈明显的 "V" 形；触角窝腹面间距狭；喙端部背面具凹槽或者近平截；眼间距总是等于或者小于喙基部宽的 1/3；体壁完全为黑色··············
···美洲棕榈象 ***Rhynchophorus palmarum***
   前胸背板基部不向后突出，近平截，略呈弧形；触角窝腹面间距宽；喙端部背面无凹槽，呈卵形；眼间距不小于喙基部宽的 1/3；体壁红色、红黑色或黑色··············**2**
2. 臀板具刻点；跗节 3 腹面两侧各具 1 列刚毛；前胸背板基部卵形或宽卵形，两侧弧形较均匀的向前狭缩；身体黑色或铁锈色，前胸背板具黑色斑点；小盾片略向后突出··············
···**锈色棕榈象 *Rhynchophorus ferrugineus***
   臀板光滑；跗节 3 腹面两侧无刚毛列；眼间距接近喙基部宽的 1/3；前胸背板基部宽圆，常具 2 条纵观全长的红色纵条带；小盾片向后突出甚狭··········**椰枣棕榈象 *Rhynchophorus phoenicis***

锈色棕榈象 *Rhynchophorus ferrugineus* (Olivier)

分类地位：鞘翅目 Coleoptera，象虫科 Curculionidae，隐颏象亚科 Dryophthorinae，棕榈象属 *Rhynchophorus*

别名：红棕象甲

英文名：Red palm weevil, Indian palm weevil

异名：*Rhynchophorus cinctus* Faust; *Rhynchophorus dimidiatus* Faust; *Rhynchophorus glabrirostris* Schaufuss; *Curculio hemipterus* Sulzer; *Rhynchophorus indostanus* Chevrolat; *Rhynchophorus pascha* Boheman; *Rhynchophorus papuanus* Kirsch; *Rhynchophorus seminiger* Faust; *Rhynchophorus signaticollis* Chevrolat; *Calandra schach* Fabricius; *Cordyle sexmaculatus* Thunberg; *Rhynchophorus tenuirostris* Chevrolat

分布：亚洲：阿联酋、阿曼、巴基斯坦、巴林、菲律宾、柬埔寨、卡塔尔、科威特、老挝、马来西亚、孟加拉国、缅甸、尼泊尔、日本、沙特阿拉伯、斯里兰卡、泰国、新加坡、伊拉克、伊朗、以色列、印度、约旦、中国（福建、广东、广西、海南、台湾、云南、浙江）；非洲：阿尔及利亚、埃及、加那利群岛、摩洛哥；欧洲：法国、马耳他、葡萄牙、土耳其、西班牙、希腊、意大利；大洋洲：澳大利亚、巴布亚新几内亚。

寄主：主要为棕榈科植物，包括椰子、椰枣 *Phoenix dactylifera*、海枣 *Phoenix dactylifera*、台湾海枣 *Phoenix hamceana* var. *formosana*、银海枣 *Phoenix sylvestris*、西谷椰子 *Melroxylon sagu*、桄榔 *Arenga pinnala*、油棕 *Elaeis guineensis*、贝叶棕属的 *Corypha gebanga*、糖棕 *Borassus flabelliformis*、鱼尾葵 *Caryota maxima*、肯氏鱼尾葵 *Caryota cumingii*、大王椰子 *Roystonea regia*、槟榔 *Areca catechu*、假槟榔 *Archontophoenis alexandrae*、酒瓶椰子 *Hyophorbe lagenlcaulise*、西谷椰子属 *Metroxylon* spp.、三角椰子 *Dypsis decaryi* 等。

危害情况：主要以幼虫取食寄主植物的内部组织、在内部穿孔为害。锈色棕榈象对3～15年椰树为害较重，较少侵害30～50年老树。危害幼树时，从树干的受伤部位或裂缝侵入，也可从根际处侵入。危害老树时一般从树冠受伤部位侵入，造成生长点迅速坏死，产生极大危害。受害初期树皮或叶柄略有裂缝，有树胶流出，受害后期植物组织内纤维破碎呈腐烂状，叶片发黄或折断，严重时叶片脱落仅剩树干，直至枯死，有时树干甚至被蛀食中空。如果锈色棕榈象从树冠侵入，心叶将全部枯死，由于生长点很快坏死，这种为害最大。

形态特征：

成虫　体长22～33mm，宽10～14mm。红褐色，光亮或暗，前胸具两排黑斑。前排3个或5个，中间一个较大，两侧的较小，后排3个，均较大。鞘翅边缘（尤其是侧缘和基缘）和鞘翅缝黑色，有时鞘翅全部暗黑褐色。身体腹面黑红相间，各足基节和转节黑色，各足腿节末端和胫节末端黑色，各足跗节黑褐色。触角柄节和索节黑褐色，棒节红褐色。雄虫头半球状，光滑，具额窝。喙细长，近直，长为宽的9倍，喙近基部中央具一个圆形浅凹，自此向端部具一条中纵脊。

触角窝位于喙近基部腹面两侧，短而深，弧形，两端上弯。触角着生于喙近基部，柄节棒状，直，索节 6 节，棒节斧状，侧扁，基半部光滑，端半部密布绵毛。眼肾形，狭长，两眼在背面间距略狭，在腹面毗连。前胸长为宽的 1.15 倍，端缘近平截，略内凹，基缘弧形凸出，两侧弧形，向端部渐缩狭，近端部 1/10 处缢缩，前胸背面光滑无刻点。小盾片楔形，明显，光滑无刻点。鞘翅长为宽的 1.15 倍，长为前胸的 1.25 倍，宽为前胸的 1.25 倍，两侧略呈弧形，向端部渐狭，端部近平截。各足胫节近直，侧扁，光滑，腹面内外两侧均具一列橙黄色毛，胫节端钩发达，前足胫节端部外缘具 2 枚钝齿，中足胫节和后足胫节端部外缘不具齿。各足跗节第 1～3 节腹面具毛垫，第 3 节扩宽，背面观倒三角形，爪发达，离生，弯曲。雌虫的喙比雄虫的喙细长，长为宽的 14.5 倍，喙近基部背面中央具一个浅凹，自此向端部具中纵脊，密布细小卵形刻点，喙端半部两侧各具一条棱，无毛。雌虫各足（尤其是前足）腿节和胫节腹面毛比雄虫的短而稀疏。第 5 节腹板侧面观通常略上翘。

卵　平均长 2.6mm，宽 1.1mm，乳白色，长椭圆形，表面光滑。

幼虫　初孵幼虫白色，头部黄褐色。老熟幼虫体长 40～50mm，宽约 20mm，无足，蛴螬形。

蛹　体长约 35mm，宽约 15mm，初化蛹时乳白色，后渐为褐色。头部小，喙长达前足胫节，触角及复眼显著凸出。

生物学特征：一年发生 2～3 代。成虫寿命 2～3 个月。成虫白天不活跃，通常隐藏在叶腋下，只有取食或交配时才飞出。一般羽化后即可交尾，交尾发生多次。雌虫通常在幼树上产卵，多产卵于植物组织内，有时也产卵于叶柄裂缝或组织暴露部位，还经常产卵于犀金龟造成的伤口。卵单产，每雌产卵 162～350 粒，平均 221 粒。孵化率为 85%～94%。初孵幼虫取食植株多汁部位，并不断向深层部位取食，在树体内形成交错的隧道。幼虫 9 龄，幼虫期平均 55 天，老熟幼虫以植物纤维结茧，呈圆筒状，在其中化蛹。

传播途径：主要随受感染的寄主植物或植物组织的运输而传播，并可以成虫的飞行作近距离传播。

检验检疫方法：严禁从疫区进口寄主植物苗木以及包装用寄主材料。如因特殊需要引种，由于为害前期症状不明显，很难发现，必须严格检疫，隔离试种 1 年以上。

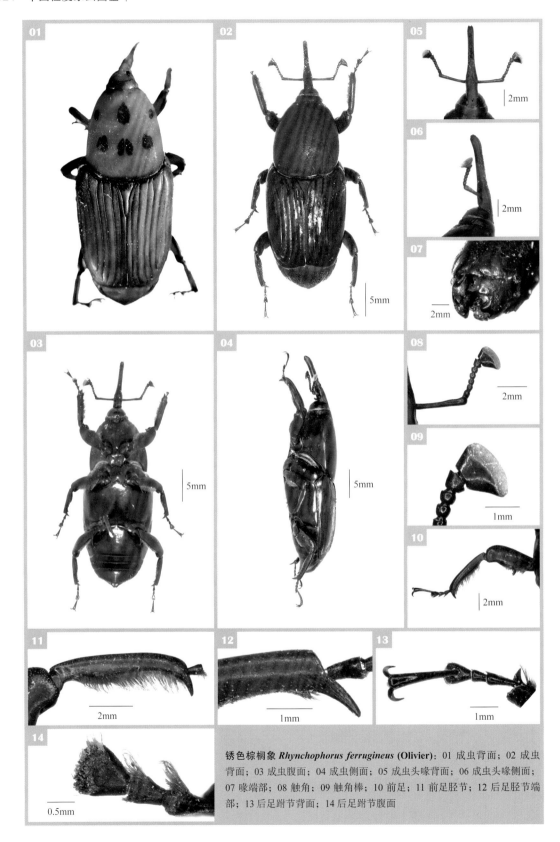

锈色棕榈象 *Rhynchophorus ferrugineus* (Olivier)：01 成虫背面；02 成虫背面；03 成虫腹面；04 成虫侧面；05 成虫头喙背面；06 成虫头喙侧面；07 喙端部；08 触角；09 触角棒；10 前足；11 前足胫节；12 后足胫节端部；13 后足跗节背面；14 后足跗节腹面

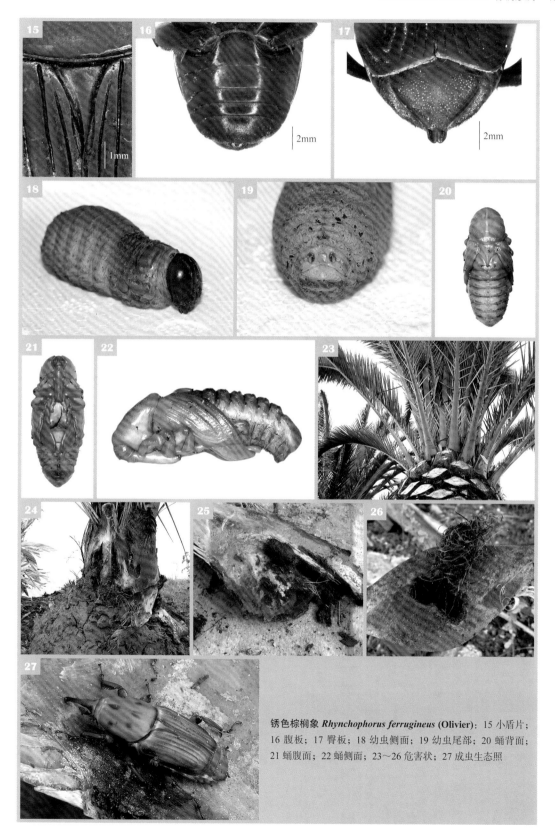

锈色棕榈象 *Rhynchophorus ferrugineus* (Olivier)：15 小盾片；
16 腹板；17 臀板；18 幼虫侧面；19 幼虫尾部；20 蛹背面；
21 蛹腹面；22 蛹侧面；23～26 危害状；27 成虫生态照

锈色棕榈象 *Rhynchophorus ferrugineus* (Olivier)：28 头喙侧面；29 在茧中的幼虫；30 在茧中的幼虫头部；31 茧中的蛹背面；32 茧中的蛹腹面；33 茧中的蛹侧面；34 茧；35 茧

美洲棕榈象 *Rhynchophorus palmarum* (Linnaeus)

分类地位：鞘翅目 Coleoptera，象虫科 Curculionidae，隐颏象亚科 Dryophthorinae，棕榈象属 *Rhynchophorus*

英文名：Palm weevil, South American plam weevil, Grugru bettle, Black palm weevil

异名：*Curculio palmarum* Linnaeus；*Cordyle barbirostris*（Thunberg）；*Rhynchophorus cycadis* Erichson；*Rhynchophorus depressus* Chevrolat；*Rhynchophorus lanuginosus* Chevrolat

分布：北美洲：巴拿马（巴拿马城、巴拿马运河）、波多黎各、多米尼加、哥斯达黎加、古巴、瓜德罗普岛、海地、洪都拉斯、马提尼克岛、美国（得克萨斯南部、加利福尼亚）、墨西哥（哈利斯科、科利马、莫雷洛斯、墨西哥海湾和太平洋沿岸、维拉克鲁斯、下加利福尼亚、尤卡坦）、尼加拉瓜（马那瓜）、萨尔瓦多、特立尼达和多巴哥、危地马拉；南美洲：阿根廷（恩特雷里奥斯、科连特斯）、巴拉圭、巴西（巴伊亚、伯南布哥、瓜纳巴拉、里约热内卢、米纳斯吉拉斯、南里奥格兰德、帕拉、圣保罗、亚马孙）、玻利维亚、厄瓜多尔、法属圭亚那、哥伦比亚（纳里尼奥）、格林纳达岛、圭亚那、秘鲁、圣文森特岛、苏里南、委内瑞拉、乌拉圭。

寄主：该虫在墨西哥、中美洲、南美洲、西印度群岛主要为害棕榈和其他许多棕榈科植物，也为害香蕉、木瓜、可可、甘蔗等作物，如格鲁刺椰 *Acromomia aculeata* Lodd. ex Mart.、*Acromomia lasiopatha* Wall、厚果刺椰 *Acromomia sclerocarpa* Mart.、亚利特棕 *Attaica cohune* Mart.、红棕 *Bactris marjor* Jacg.、木瓜 *Carica papaya* Linn.、散尾葵 *Chrysalidocarpus lutescens*、花环椰 *Cocos coronata* Mart.、纺锤形椰 *Cocos fusiformis* SW.、椰子、罗蔓椰 *Cocos romanzoflana* Cham、裂叶椰 *Cocos schizophylla* Mart.、*Cocos vegans* Bond、束藤 *Desmoncus major* Crueg et Griseb.、油棕 *Elaeis guineensis*、*Elaeis uterpe broadwayana* Becc、粮棕 *Gullelma* sp.、*Gynerium saccharoides* Humb & Bonpl、*Jaracatia dodecaphylla* A.D.C.、母油棕 *Manicaria sacifera* Gaertin、杧果、加勒比棕 *Maximillana catibaea* Griseb、甘蔗、香蕉、菜棕 *Oreodoxa oleracea* Mart.、蓖麻、伞形蓑棕 *Sabal umbraculifera* Mart.、蓑棕属 *Sabal* spp.。

危害情况：美洲棕榈象是热带地区椰子和油棕上的一种重要害虫。幼虫蛀食树冠和树干，蛀食后生长点周围的组织不久坏死，并且腐烂，产生一种特殊难闻的气味，植株可能枯死。受害植株最初表现的外部症状为树冠四周的叶子变得枯黄死亡，而后逐渐向树冠中心扩展使里面的叶子也呈萎黄。幼虫在茎秆输导组织内会蛴取食，在大树干的上部蛀成长 1m 的隧道，树势渐趋衰弱。危害严重时，树干呈空壳，易在强风中折断。成虫危害 1～12 年生椰子树的叶柄基部边缘及外面纤维层尚未硬化的茎秆软节间的表面，嗜好危害 3～5 年生椰树。由于成虫能传播红线虫 *Rhadinaphelenchus cocophilus* Cobb.，该线虫是椰子红腐病的病原，可造成严重经济损失。

形态特征:

成虫　体型大，黑色，雌雄异型现象明显。雄虫体长29.0~44.0mm，宽11.5~18.0mm。身体卵长形，背面较平。喙粗壮，短于前胸背板，从背面看，基部宽，端部逐渐变细，在喙背面端部的一半，有粗大直立的黄褐色长毛，触角沟间狭窄、刻点深。触角柄节延长，长于索节和棒节之和。头部球状。前胸背板黑色，长大于宽，平坦，无光泽，端部窄缩。足黑色，有细刻点，各胫节有长而反曲的爪形突和一个小的亚爪形突，跗节3膨大，腹面后半部覆盖着浓密褐色海绵状绒毛，爪简单，细长。小盾片黑色，大而光滑，长三角形，端部延长。鞘翅宽于前胸背板，其长为宽的2.5倍。每鞘翅有6条行纹较深，其余行纹较浅，行纹不伸达基部。腹部全黑色，腹面凸起，腹节1短，中部与腹节2并连。臀板黑色，三角形，有中央隆起，基部、边缘和端部具浓密刻点，中间刻点稀疏。雄虫臀板略宽于雌虫。雌虫体长26~42mm，宽11~17mm。外形与雄虫相似，喙端部一半的背面不具长毛，体长卵圆形。第一股节无毛，臀板窄，端部较尖。

卵　浅黄褐色，光滑而发亮，细长、圆筒形，平均长2.55mm，宽0.9mm（和雌虫个体大小相比，卵个体相对较小）。卵膜薄而透明，卵黄膜浅黄褐色。

幼虫　浅黄白色，体大而粗，第4或第5腹节最大，在胸部和8个腹节上有小而硬化的具毛区域，腹部最后一节宽而扁。头部暗褐色，几乎圆形。触角很小，两节。有9对气门：1对在中胸、8对在腹部第1~8节。老熟幼虫体长44.0~57.0mm，宽22.0~25.0mm。

蛹　浅黄褐色，长卵形，中胸最宽，向前和向后逐渐变细，体长40~51mm，体宽16~20mm，离蛹在纤维做成的茧内被一层较薄的软表皮包裹着。

生物学特征: 雌虫寻找切割的棕榈叶柄、破伤的表面、树皮裂缝以及倒伐的树桩作为产卵场所，咬一个3~7mm深的穴，将卵产在穴中。卵单产，产卵后分泌蜡质物将穴盖住。卵期3天，幼虫8~10龄。1龄幼虫通过茎秆周围薄壁组织从维管束间垂直钻入进行危害。幼虫期最长，2个月。老熟幼虫移动到树干周围，在树皮下作茧化蛹。茧由纤维构成，羽化孔由纤维素物质堵住。蛹期15~30天。新羽化成虫在茧里停留几天后钻出。成虫交尾前取食4~8天，可连续交尾4~5次。完成一代最短需3个月。每雌一生最多产卵924粒，一天最多产卵63粒。完成卵至卵的生活史最长需73.5~101.5天。成虫白天隐藏在叶腋基部、茎秆基部，或椰子园附近的垃圾堆或椰子壳堆里，傍晚及上午9~11时最活跃，有迅速飞行及扩散能力，可连续飞行4~6km。成虫喜好危害病弱树，并喜欢挑选新切割的树杈产卵。犀甲和隐颏象属的象虫经常同时在同一田间出现，犀甲的危害是象虫入侵的媒介，而象虫的危害为犀甲提供适合的条件。

传播途径: 此虫可随寄主植物的种苗及其包装物的运输而远距离传播。成虫白天常隐藏在椰子园附近的垃圾堆或椰子壳堆中，因此极易随其转运而传带。成虫有迅速飞行能力，可连续飞行4~6km，进行自然传播。

检验检疫方法: 仔细检查茎秆与叶柄之间，特别注意切割伤口等处。对于包装材料及附带的残留物应严格进行检疫处理或销毁。

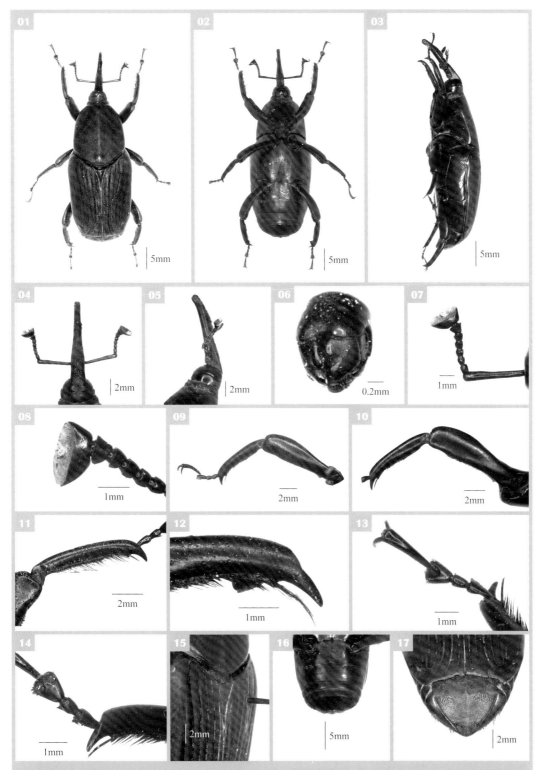

美洲棕榈象 *Rhynchophorus palmarum* (Linnaeus)：01 成虫背面；02 成虫腹面；03 成虫侧面；04 头喙背面；05 成虫侧面；06 喙端部口器；07 触角；08 触角棒；09 前足；10 后足；11 前足胫节；12 后足胫节端部；13 后足跗节背面；14 后足跗节侧面；15 前胸背板 - 鞘翅和小盾片；16 腹板；17 臀板

椰枣棕榈象 *Rhynchophorus phoenicis* (Fabricius)

分类地位：鞘翅目 Coleoptera，象虫科 Curculionidae，隐颏象亚科 Dryophthorinae，棕榈象属 *Rhynchophorus*

别名：紫棕象甲

英文名：African palm weevil

异名：*Rhynchophorus niger* Faust; *Rhynchophorus ruber* Faust

分布：非洲：安哥拉、东非、刚果、加纳、尼日利亚、塞拉利昂、象牙海岸。

寄主：各种棕榈科植物，包括刺葵属 *Phoenix* spp.、油棕属 *Elaeis* spp.、糖棕属 *Borassus* spp.、*Hyphaene* spp.、*Raphia* spp. 等。

危害情况：幼虫蛀食树干和花冠，使生长点周围的组织腐烂，植株可能枯死。受害树的外部症状表现为叶片呈逐渐增加的萎黄病，并强风中易破碎。椰枣棕榈象还传播椰子红环腐病的线虫 *Rhadinaphelenchus cocophilus*。

形态特征：

成虫 个体较大，黑色。额向前延伸成喙。触角膝状，端部呈棒状。前胸背板上有 2 条纵向暗褐色窄带。鞘翅有大约 12 条纵沟。前足胫节内缘近端部不密布长而直的毛。腹部浅褐色，带有疏散的黑色斑点。

生物学特征：该虫嗜好在伐倒的棕榈树桩和切割或损伤的棕榈表面产卵。卵 3 天后孵化，幼虫期最长为约 2 个月，老熟幼虫向树干外面移动化蛹，蛹期约 25 天，其整个生活史最短 3 个月。

传播途径：主要随寄主种苗及作为包装填充物的纤维进行传播。

检验检疫方法：严禁从疫区进口寄主植物苗木以及包装用寄主材料。

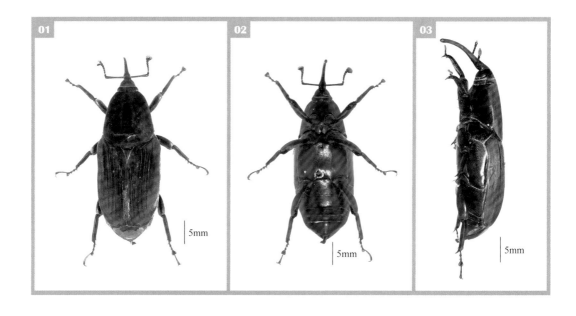

01　02　03

5mm　5mm　5mm

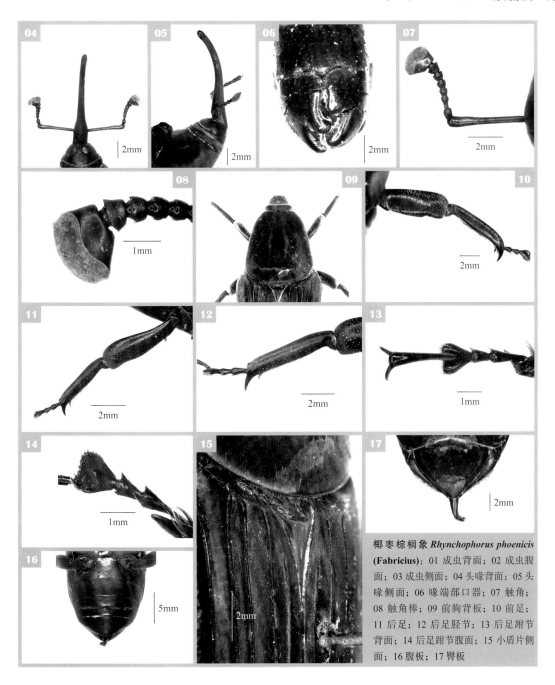

椰枣棕榈象 *Rhynchophorus phoenicis*
(Fabricius)：01 成虫背面；02 成虫腹
面；03 成虫侧面；04 头喙背面；05 头
喙侧面；06 喙端部口器；07 触角；
08 触角棒；09 前胸背板；10 前足；
11 后足；12 后足胫节；13 后足跗节
背面；14 后足跗节腹面；15 小盾片侧
面；16 腹板；17 臀板

杯象属
Scyphophorus Schoenherr, 1838

分类地位： 鞘翅目 Coleoptera，象虫科 Curculionidae，隐颏象亚科 Dryophthorinae

分类特征： 体型较大，体壁光滑；眼非常大，长卵形，在头的腹面彼此接触，背面分隔较远；上颚钳状，不十分明显；喙较直，触角着生于喙基部，触角柄节超过眼前缘，触角索节 6 节，触角棒马蹄形，触角棒端部绒毛部分内缩且凹陷，或几乎不可见；后颏的柄延长，平，前胸背板不具眼叶，与鞘翅几乎等宽，前胸背板仅略短于鞘翅；小盾片可见，近三角形，通常长大于宽，可见部分近基部处最宽；前足基节窄分离至明显分离，中足基节之间的距离与基节直径相等；中胸后侧片端部边缘有时不规则，后胸前侧片相对较宽，两侧近平行，向后仅略狭缩，长为宽的 3 倍以上；臀板外露；腿节棒状，胫节外角具齿，跗节 3 扩大，二叶状，腹面光滑仅端部 1/2 的边缘具金黄色长毛。

生物学概况： 主要为害天门冬科龙舌兰属 *Agave* spp. 和丝兰属 *Yucca* spp. 植物，幼虫蛀食根部和茎部。

分布： 主要分布于北美洲和南美洲，随寄主植物的运输目前已经扩散至欧洲、亚洲和非洲的部分地区。

种类数量： 该属目前世界已记述种类仅 2 种——剑麻象 *Scyphophorus acupunctatus* Gyllenhal 和 *Scyphophorus yuccae* Horn，其中剑麻象已经入侵到欧洲、亚洲和非洲的部分地区。

种类检索表

1. 触角棒端部绒毛部分内缩、凹陷，侧面观不可见；小盾片较小，与鞘翅行间 1 基部的宽度近相等；鞘翅行间具很细小的浅刻点，刻点排列不规则，鞘翅端部截断形 ······························· **剑麻象 *Scyphophorus acupunctatus***

触角棒端部绒毛部分截断形，多少具隆脊，侧面观为一条窄线；小盾片大，较长，宽度为鞘翅行间 1 基部宽度的 2 倍；鞘翅行间具 1 列整齐的刻点行，刻点深，鞘翅端部钝圆，两鞘翅向鞘翅缝略内收 ······························· **丝兰杯象 *Scyphophorus yuccae***

剑麻象 *Scyphophorus acupunctatus* Gyllenhal

分类地位：鞘翅目 Coleoptera，象虫科 Curculionidae，隐颏象亚科 Dryophthorinae，杯象属 *Scyphophorus*

英文名：Sisal weevil, Mexican sisal weevil

异名：*Scyphophorus anthracinus* Gyllenhal; *Scyphophorus interstitialis* Gyllenhal; *Scyphophorus robustior* Horn; *Rhyncophorus asperulus* LeConte

分布：亚洲：印度尼西亚（苏门答腊、爪哇）；北美洲：多米尼加、哥斯达黎加、古巴、海地、洪都拉斯、美国（阿肯色、得克萨斯、佛罗里达、加利福尼亚、堪萨斯、科罗拉多、夏威夷、新墨西哥、亚利桑那、佐治亚）、墨西哥、尼加拉瓜、萨尔瓦多、危地马拉、牙买加；南美洲：巴西、哥伦比亚、委内瑞拉；非洲：肯尼亚、坦桑尼亚；欧洲：西班牙、希腊、意大利。

寄主：剑麻或西沙尔麻 *Agave sisalana*、毛里求斯麻 *Furcraea gigantea*，以及各种野生及观赏龙舌兰科植物。

危害情况：剑麻象是剑麻的重要害虫，成虫和幼虫均可造成危害。幼虫在幼嫩剑麻上取食而造成的地下危害是最严重的。雌虫在土壤里腐烂潮湿组织或地面以下的叶片基部产卵。幼虫孵化后钻进小的茎秆。幼虫口器粗壮，贪婪取食，以每天 1cm 多的速度钻蛀剑麻幼嫩组织，特别是分生组织以下的鲜嫩、白色、非纤维的多汁组织，生长点受危害，并且弯向幼虫在地下钻入的一边。完全发育的成虫迁移之前，每单株剑麻可找到 12～15 头幼虫。幼小茎秆被糟蹋成蜂窝状，或被完全吃掉，结果继之发生腐烂，植株死亡。在不好的年成，由于幼虫在幼小剑麻田间取食所造成的损失总量达 60%，或者更多。在头两三年，不断造成缺苗需要填补、再填补，直立起来的植株变得参差不齐，使后来的切割要拖较长时间，而且留下很多杂草，从而导致纤维产量低，提高了成本。

成虫危害剑麻最常见的症状是在近叶基部一半的下表皮出现灰褐色斑痕，常为椭圆形或圆形，长 3～10cm，这些斑痕是成虫用喙多次嵌进叶基部软组织取食时造成的。虽然成虫造成的危害状明显，但造成的危害并不严重，只损伤一层皮。但由于有斑痕，或者污染，会降低品级。另外，成虫集中于一点的取食和繁殖常造成生长不对称，生长点弯向茎秆或分生组织受害的一边。成虫所造成的另一种危害是由于在靠近生长点基部做成的穴里产卵而造成的。

另外，剑麻象能传播黑曲霉，从而引起剑麻茎腐病，可导致植株死亡。

形态特征：

成虫　呈均一的暗黑色，体长 9～15mm。头部相对较小，两眼在腹面下方距离相对较宽。喙向下弯曲，上颚小而粗壮，呈钳状。触角生于靠近喙的基部，触角棒的绒毛部分平截。前胸背板大，约等于腹部长的一半，刻点细小。鞘翅行纹刻点大，刻点互相连接呈纵沟状。行间稍凸起，具成排的细小刻点。两鞘翅并合紧密。后胸前侧片端部 1/3 处明显窄于股节最宽处，后胸前侧片后端明显窄于中部。臀板裸露。跗节 3 呈宽三角形，腹面的绒毛只限于跗节前端边缘。雌雄两性在形态上非常相似，极难区别，不能单凭个体大小决定其性别。

卵 约 1.5mm，长卵形，乳白色，卵壳光滑而薄。

幼虫 幼虫共 5 龄。1 龄幼虫比卵稍大，长 1.3～1.8mm。刚孵化时，呈乳白色，不久，头部变成褐色，身体其余部分稍变暗。老熟幼虫体长约 18mm，头壳宽 4mm。各龄幼虫的头壳坚硬而角质化，上颚深褐色或黑色，身体柔软具皱，无足，第 8 节后的体节突然缩小，最后一节向上弯曲，伸为 2 个肉质突起，每一个突起上有 3 根毛，2 根向后直着伸出，第 3 根（中间的）较短，向下伸出。

蛹 长约 16mm，早期呈浅黄褐色，几天后头部和其他部分变暗，最后整个蛹体呈深褐色。鞘翅、足、喙等从蛹皮外侧明显可见。

生物学特征： 剑麻象生活史为 50～90 天，雨季剑麻象的幼虫期和蛹期通常较旱季短，雌虫经近一个月达到性成熟。雌虫通常产卵于剑麻植株的柔软腐烂组织内。有时成虫在主杆上咬一小穴，形成局部腐烂，造成适宜的产卵环境。由于卵壁薄，如果卵暴露在干燥的大气环境中会很快干涸。无特定产卵季节。雌虫一次产卵 2～6 粒，一般每周产卵 2 粒，持续 6 个月，或短于 6 个月，一生共产卵 25～50 粒。卵期 3～5 天，幼虫孵化后在幼嫩剑麻茎秆组织内取食直至化蛹。幼虫期 21～58 天。化蛹前老熟幼虫做个粗糙的茧，茧由纤维和一些碎叶片组成，暗红褐色。幼虫常在茧内停留数日后再进入预蛹期，此时幼虫停止爬动，对触动的唯一反应是身体后部旋转。预蛹期 3～10 天，蛹期一般 12～16 天。一代至少需 11 周，一年可发生 4～5 代。人工饲养的两性成虫可存活 45 周，个别的在饥饿情况下可活 16 周。剑麻象成虫有时会聚集在一株大剑麻植株上取食并繁殖，数量通常不超过 15 头，并且多数都先后迁移。

传播途径： 虽然剑麻象迁移性不强，然而事实上已经从美洲传到非洲、亚洲。龙舌兰科植物纤维气味对成虫有引诱作用，曾发现它在剑麻包装上爬行，亦曾在装载过剑麻的远洋货轮上发现剑麻象，可见该虫可以随其寄主植物及纤维、运载龙舌兰科植物的工具、剑麻包装等进行远距离传播。

检验检疫方法： 禁止从疫区引种龙舌兰科植物种苗。对进口的龙舌兰科植物纤维及包装材料进行严格检疫和彻底灭虫处理。

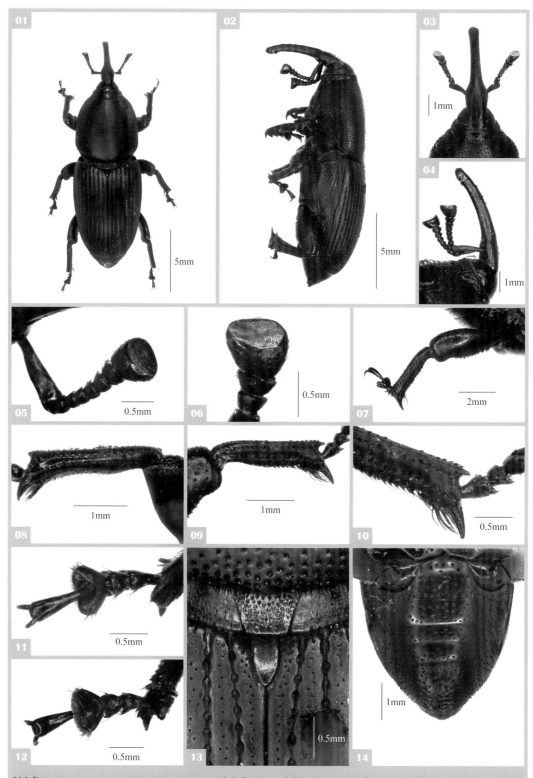

剑麻象 *Scyphophorus acupunctatus* Gyllenhal：01 成虫背面；02 成虫侧面；03 头喙背面；04 头喙侧面；05 触角；06 触角棒；07 后足；08 前足胫节；09 后足胫节；10 后足胫节端部；11 后足跗节背面；12 后足跗节腹面；13 小盾片；14 腹板

杧果象属
Sternochetus Pierce, 1917

分类地位：鞘翅目 Coleoptera，象虫科 Curculionidae，魔喙象亚科 Molytinae

分类特征：喙弯而长，不扁；前胸腹板具胸沟，喙休止时收入胸沟，胸沟长约等于宽，端部宽于两侧的边缘，压扁，两侧的边缘略凸圆，向后缩窄，密被鳞片；腿节具 1 个齿，胫节也密被鳞片，前后一样宽，表面无隆线，但胫节外缘具隆线，额宽近于胫节，爪简单；腹板 2 长约等于 3。

生物学概况：杧果象属主要为害杧果，果肉果核均可被为害，有时受害的杧果果实外表可不见危害状，成虫有假死性和避光性。

分布：该属原产于东南亚，随着杧果的种植和果实的运输，目前该属的种类分布于亚洲、非洲、北美洲、南美洲、大洋洲。

种类数量：目前世界已记述种类 3 种，中国已知 2 种，均是为害杧果的重要害虫。

种类检索表

1. 前胸背板中线两侧有时各有一淡褐色斑点，鞘翅仅有斜带，直带一般不明显；体长 5.5～6.0mm，为害杧果果肉·······························**杧果果肉象 *Sternochetus gravis***
　前胸背板中线两侧各有一白斑，鞘翅前端有一斜带，后端有一直带；体长 7.0～8.5mm，为害杧果果核···**2**
2. 鞘翅奇数行间较隆，而且各有一行小瘤，鞘翅的斜带很宽；前胸背板基部 2/3 具一明显的中纵脊，在隆脊的前端两侧各具一簇由密集的、直立的黑色鳞片形成的鳞片簇；体长 7.0～7.3mm
···**杧果果实象 *Sternochetus olivieri***
　鞘翅奇数行间不隆，而且无小瘤，鞘翅的斜带较窄；前胸背板基部隆脊不明显，基部中线两侧具散布的直立鳞片；体长 7.0～8.5mm·················**杧果果核象 *Sternochetus mangiferae***

杧果果肉象 *Sternochetus gravis* (Fabricius)

分类地位：鞘翅目 Coleoptera，象虫科 Curculionidae，魔喙象亚科 Molytinae，杧果象属 *Sternochetus*

英文名：Mango flesh weevil, mango fruit weevil, mango pulp weevil, northern mango weevil

异名：*Curculio gravis* Fabricius；*Curculio frigidus* Fabricius

分布：亚洲：阿联酋、阿曼、巴基斯坦、不丹、菲律宾、柬埔寨、马来西亚、孟加拉国、缅甸、尼泊尔、斯里兰卡、泰国、印度、印度尼西亚、越南、中国（云南）；北美洲：美国；非洲：加纳、加蓬、肯尼亚、马达加斯加、毛里求斯、莫桑比克、南非、尼日利亚、坦桑尼亚、乌干达、赞比亚；大洋洲：澳大利亚、斐济。

寄主：各品种的杧果。

危害情况：在杧果果实结果并长至30～35mm大小时，杧果果肉象的成虫开始在幼嫩的杧果果实皮下产卵，初孵化幼虫潜入杧果肉内钻蛀取食，使杧果肉内形成纵横交错的隧道，并将粪便堆积在隧道内，使杧果肉大部分变成深褐色虫粪污染物，严重地影响了果品的质量，甚至失去食用价值，给杧果生产造成严重的经济损失。在印度的雅加达和万隆地区，在杧果果肉象的侵染区，受害的杧果将达80%以上。

形态特征：

成虫　体长5.5～6.0mm；体壁黄褐色，被覆淡褐色、暗褐色至黑色鳞片；额中间无窝；前胸背板散布规则的刻点，中隆线细，被鳞片遮蔽；鞘翅奇数行间的鳞片瘤少而不大明显，直带一般不明显；腹板2～4各有刻点三排。

生物学特征：成虫潜伏在杧果树枯枝或者树干裂缝和树洞等干腐组织中越冬。在我国3月中下旬以后陆续从越冬场所飞上枝叶、花穗上活动，经过一段时间取食嫩梢和幼果果皮层，4月中旬开始交配产卵。产卵时先在幼果上咬一个小孔而后在其中产卵，一个果1～2粒，产卵后孔口被杧果的分泌物所覆盖，卵在果内孵化。卵期4～6天，幼虫孵化后在杧果内取食60～70天可老熟，并在果内由虫粪构成的干燥蛹室内化蛹。预蛹期为2～3天，蛹期5～10天，羽化出来的成虫暂时留在果内，在6～7月将成熟的杧果果皮咬成一个圆形孔洞，外出到杧果林内活动，取食杧果的嫩叶和嫩梢。成虫具有假死性，耐饥饿，耐高低温、干燥等特性。

传播途径：主要随旅客携带或货物运输的杧果果实进行传播。

检验检疫方法：加强对旅客携带的水果的检查力度，加大对从疫区进口的寄主植物的苗木和果实等进行抽检的力度。

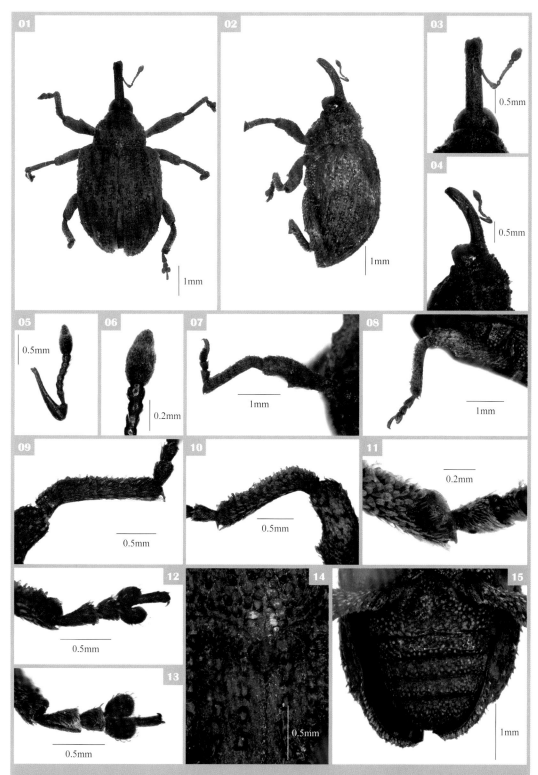

杧果果肉象 *Sternochetus gravis* (Fabricius)：01 成虫背面；02 成虫侧面；03 头喙背面；04 头喙侧面；05 触角；06 触角棒；07 前足；08 后足；09 前足胫节；10 后足胫节；11 后足胫节端部；12 后足跗节背面；13 后足跗节腹面；14 小盾片；15 腹板

杧果果核象 *Sternochetus mangiferae* (Fabricius)

分类地位：鞘翅目 Coleoptera，象虫科 Curculionidae，魔喙象亚科 Molytinae，杧果象属 *Sternochetus*

英文名：Mango nut weevil, mango seed weevil, mango stone weevil, mango weevil

异名：*Cryptorhynchus ineffectus* Walker；*Cryptorhynchus monachus* Boisduval；*Acryptorhynchus mangiferae*（Fabricius）；*Cryptorhynchus mangiferae* Fabricius

分布：亚洲：阿联酋、阿曼、巴基斯坦、不丹、菲律宾、柬埔寨、马来西亚、孟加拉国、缅甸、尼泊尔、斯里兰卡、印度、印度尼西亚、越南；北美洲：巴巴多斯、多米尼加、瓜德罗普、马提尼克岛、美国、特立尼达和多巴哥；南美洲：法属圭亚那；非洲：加纳、加蓬、肯尼亚、留尼汪、马达加斯加、马拉维、毛里求斯、莫桑比克、南非、尼日利亚、塞舌尔、坦桑尼亚、乌干达、赞比亚、中非；大洋洲：澳大利亚、法属波利尼西亚、斐济、马尔加什、马里亚纳群岛、社会群岛、汤加、瓦利斯岛、新喀里多尼亚。

寄主：各品种的杧果。

危害情况：杧果果核象在一定程度上可危害种子，由于成虫在幼嫩杧果及成熟杧果果皮下产卵，幼虫孵化后钻入果核，并在核内发育化蛹，受害的杧果果实外表可不见危害状。剖开杧果核，在子叶处可见到受严重危害，甚至整个杧果核被食害成破碎片，并充满害虫的粪便。杧果受杧果果核象危害后，不仅过早脱落影响产量，而且使杧果失去食用和种用价值。印度秋杧果品种受杧果果核象危害后，被害率达 73% 以上。

形态特征：

成虫　鞘翅从基部两侧开始至鞘翅中部近平行，行间平坦至均匀较弱的隆起，行纹刻点长方形至方形，白色鳞片在鞘翅中部之前形成一个 "V" 形的斑纹，在末端形成一条较宽的横带；前胸背板中间两侧近基部具黑色直立的鳞片簇；阳茎内囊具成对且分离的骨片，彼此端部不接触。

生物学特征：可危害所有品种的杧果，该虫危害无外部症状，成虫在幼果表面刻痕产卵，卵孵化后幼虫即蛀入果肉，并通过核仁膜钻入果核，纵向蛀食子叶，使子叶被蛀成充满虫粪的洞穴，未被取食部分子叶发黑变质，近核部分果肉呈腐烂状，致使果实发育不良和落果，发育成熟果实的果核被蛀空丧失发芽能力，造成果实品质下降，产量受损。同时，由于杧果果核象危害期在果核内生长，成虫期栖居和行踪隐蔽，增加了防治的难度和成本。疫区杧果受到国际和国内检疫制度的限制，外运受阻，给产品的销售带来了极大的困难。

传播途径：主要随旅客携带或货物运输的杧果果实进行传播。

检验检疫方法：严禁从疫区进口寄主植物苗木以及果实。

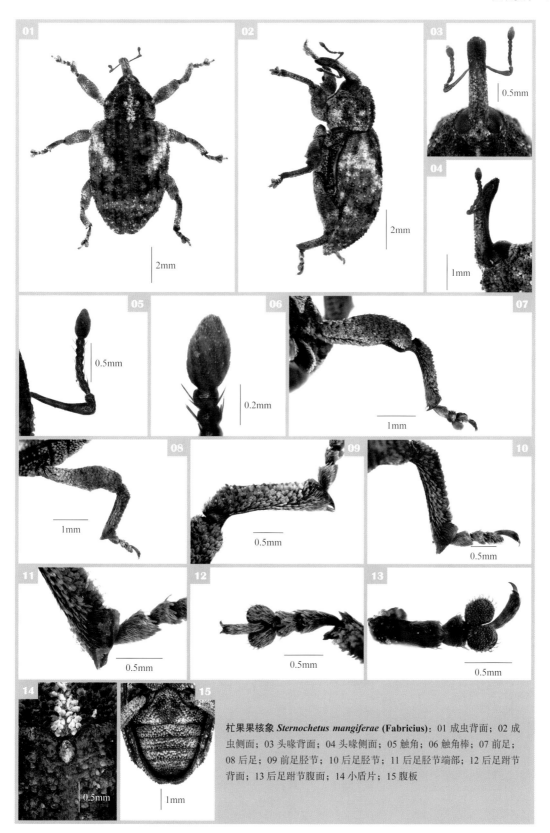

杜果果核象 *Sternochetus mangiferae* (Fabricius)：01 成虫背面；02 成虫侧面；03 头喙背面；04 头喙侧面；05 触角；06 触角棒；07 前足；08 后足；09 前足胫节；10 后足胫节；11 后足胫节端部；12 后足跗节背面；13 后足跗节腹面；14 小盾片；15 腹板

杧果果实象 *Sternochetus olivieri* (Faust)

分类地位：鞘翅目 Coleoptera，象虫科 Curculionidae，魔喙象亚科 Molytinae，杧果象属 *Sternochetus*

英文名：mango weevil

异名：*Cryptorhynchus olivieri*（Faust）

分布：亚洲：巴基斯坦、菲律宾、柬埔寨、马来西亚、孟加拉国、缅甸、泰国、印度、印度尼西亚、越南、中国（广西、四川、云南）；大洋洲：巴布亚新几内亚。

寄主：各品种的杧果。

危害情况：杧果果实象成虫产卵于幼果内，幼虫孵化出后，钻入杧果核内危害，使杧果肉、杧果核都失去食用和种用价值；幼虫成熟后，在杧果核内化蛹。据报道，同样在印度，受杧果果实象危害后，被害率可达30%～50%，个别地区还高达80%～95%。

形态特征：

成虫 体长7.0～7.3mm；体壁黑色，被覆锈赤色、黑褐色和白色鳞片；额中间有窝；前胸背板散布不规则的粗大的皱刻点，中隆线很明显；鞘翅奇数行间的鳞片瘤多而显著，直带明显；腹板2～4各有刻点两排。

生物学特征：产卵在指头般大的幼果表皮内，一个幼果产卵一粒。幼果生长迅速，产卵孔很快愈合消失；果核壳把幼虫包围在核中。幼虫在核内生活，直到化蛹变成成虫，果实成熟腐解或人食后丢下果核，成虫即爬出活动。成虫在树干皮缝及果核内越冬。受害果与健果一样，果实表面和果肉看不见被害状。只有果核表面有一暗褐色圆斑（即羽化孔），当果核裸露时成虫咬破黑斑爬出，留下直径3～4mm的羽化孔。将有虫果核剖开，可见核内蛀道呈残缺的空洞状，其中充满褐色粉状残物和粒状虫粪。被害果核种仁败坏，丧失发芽力。成虫有假死性和避光性。

传播途径：主要随旅客携带或货物运输的杧果果实进行传播。

检验检疫方法：加强对旅客携带的水果的检查力度，加大对从疫区进口的寄主植物的苗木和果实等进行抽检的力度。

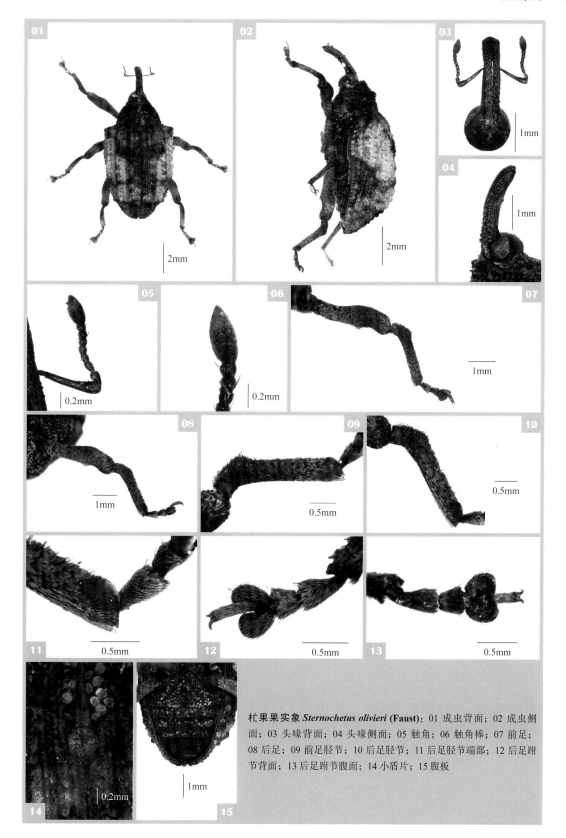

杧果果实象 *Sternochetus olivieri* (Faust)：01 成虫背面；02 成虫侧面；03 头喙背面；04 头喙侧面；05 触角；06 触角棒；07 前足；08 后足；09 前足胫节；10 后足胫节；11 后足胫节端部；12 后足跗节背面；13 后足跗节腹面；14 小盾片；15 腹板

塔虎象属
Tatianaerhynchites Legalov, 2002

分类地位： 鞘翅目 Coleoptera，卷象科 Attelabidae，齿颚象亚科 Rhynchitinae

分类特征： 体壁红褐色，鞘翅不具金属光泽，体表密被深色直立刚毛；眼小，突出；喙较长；触角着生于喙的近中部，触角棒节紧实；鞘翅基部在小盾片后鞘翅缝两侧具短的小盾片刻点行，刻点小且清楚；雄虫第八背板简单，不具凹陷。

生物学概况： 成虫取食幼果导致果实畸形，幼虫钻蛀导致果实提前落果或畸形。成虫也取食芽、嫩叶、花和幼果。

分布： 古北区。

种类数量： 该属目前世界已记述种类 1 种，分布于古北区，苹虎象 *Tatianaerhynchites aequatus*（Linnaeus）是为害苹果等果树的重要害虫。

苹虎象 *Tatianaerhynchites aequatus* (Linnaeus)

分类地位：鞘翅目 Coleoptera，卷象科 Attelabidae，齿颚象亚科 Rhynchitinae，塔虎象属 *Tatianaerhynchites*

英文名：Apple fruit Rhynchites, Apple fruit weevil

异名：*Attelabus bicolor* Rossi; *Merhynchites creticus* Voss; *Rhynchites interstitialis* Desbrochers des Loges; *Caenorrhinus phryganophilus* Iablokoff-Khnzorian; *Rhinomacer ruber* Geoffroy; *Rhynchites ruber* Fairmaire; *Rhynchites semiruber* Stierlin

分布：亚洲：哈萨克斯坦、塞浦路斯、土耳其、土库曼斯坦、叙利亚、伊朗、以色列、约旦；欧洲：阿尔巴尼亚、爱沙尼亚、奥地利、保加利亚、比利时、波黑、波兰、丹麦、德国、俄罗斯、法国、芬兰、哈萨克斯坦、荷兰、黑山、捷克、克罗地亚、拉脱维亚、立陶宛、列支敦士登、卢森堡、罗马尼亚、马其顿、摩尔达维亚、挪威、葡萄牙、瑞典、瑞士、塞尔维亚、斯洛伐克、斯洛文尼亚、土耳其、乌克兰、西班牙、希腊、匈牙利、意大利、英国。

寄主：主要为害苹果，也可能为害李、山楂等。

危害情况：成虫取食幼果导致果实畸形，幼虫钻蛀导致果实提前落果或畸形，损失可达70%。成虫也取食芽、嫩叶、花和幼果。

形态特征：

成虫　体长 2.5mm，前胸背板青铜色，中央凹陷，鞘翅红色或黄色，鞘翅缝颜色深。鞘翅基部在小盾片后鞘翅缝两侧具短的小盾片刻点行，刻点小且清楚；体壁红棕色，具铜色反光，体表被覆直立、深色刚毛；鞘翅行间 9 和 10 在鞘翅中部汇合；触角着生于喙的近中部，触角棒较密实；眼较小，凸隆。

生物学特征：一年 1 代，成虫在树皮下或其他场所越冬，早春出现后取食嫩芽、花蕾、花，尤其嗜好幼果，并在幼果中产卵，每个刻痕产卵一粒，然后雌虫环割果柄，阻碍果实成长。每雌平均产卵 20 粒。受感染的果实提前脱落，幼虫在其中发育，秋季，幼虫离开果实，入土中化蛹。

传播途径：成虫具一定的飞行能力，幼虫可以随寄主果实传播，蛹可以随土壤传播。

检验检疫方法：检查为害症状，严禁从疫区输入苹果等水果。

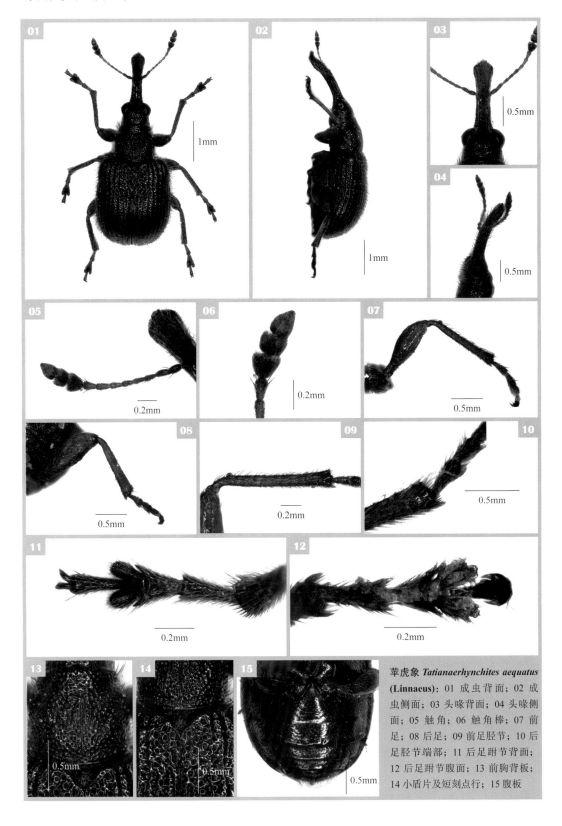

苹虎象 *Tatianaerhynchites aequatus* (Linnaeus)：01 成虫背面；02 成虫侧面；03 头喙背面；04 头喙侧面；05 触角；06 触角棒；07 前足；08 后足；09 前足胫节；10 后足胫节端部；11 后足跗节背面；12 后足跗节腹面；13 前胸背板；14 小盾片及短刻点行；15 腹板

参 考 文 献

陈乃中，沈佐瑞. 2002. 水果果实害虫. 北京：中国农业科学技术出版社：490.

高瑞桐，秦锡祥，杨秀元. 1989. 关于杨下隐喙象甲发生危害及防治的调查研究. 林业科技通讯，12：18-20.

金大勇，吕龙石，李龙根. 2003. 我国杨干象研究现状及发展趋势. 东北林业大学学报，31（6）：75-77.

荆玉栋，任立，张润志. 2003. 褐纹甘蔗象在中国的适生区分析. 昆虫知识，40（5）：446-449.

李波，任立，张润志，等. 1998. 危害针叶树的象虫——树皮象属 *Hylobius* Germar. 森林病虫通讯，4：38-40.

李亚杰，钟兆康，林继惠，等. 1981. 杨干象虫的生物学和防治. 昆虫学报，24（4）：390-395.

刘奎，彭正强，符悦冠. 2002. 红棕象甲研究进展. 热带农业科学，22（2）：70-77.

陆永跃，曾玲. 2005a. 褐纹甘蔗象. 见：万方浩，郑小波，郭建英. 重要农林外来入侵物种的生物学与控制. 北京：科学出版社：399-403.

陆永跃，曾玲. 2005b. 锈色棕榈. 见：万方浩，郑小波，郭建英. 重要农林外来入侵物种的生物学与控制. 北京：科学出版社：388-398.

吕秀霞，张润志. 2007. 木蠹象属（鞘翅目：象虫科）的种类、分布、寄主植物及潜在入侵威胁. 林业科学，43（9）：38-43.

吕秀霞. 2005. 木蠹象亚科和大盾象亚科的系统分类研究. 北京：中国科学院动物研究所.

农业部. 2007-5-29. 中华人民共和国农业部公告，第 862 号.

任立，张润志. 2011. 进境植物检疫性有害生物名录中二种象虫学名的订正. 昆虫知识，47（1）：193-196.

王春林，王福祥，吴立峰，等. 2001. 植物检疫性有害生物图鉴. 北京：中国农业出版社：483.

王春林，王福祥，张润志. 2005. 潜在的植物检疫性有害生物图鉴. 北京：中国农业出版社：440.

张润志，贺同利，孙江华，等. 2002. 椰子重要害虫——锈色棕榈象（鞘翅目：象虫科）. 见：李典谟，康乐，吴钜文，等. 中国昆虫学会 2002 年学术年会论文集. 北京：中国科学技术出版社：41-43.

张润志，任立，曾玲. 2002. 警惕外来危险害虫褐纹甘蔗象入侵. 昆虫知识，39（6）：471-472.

张润志，任立，孙江华，等. 2003. 椰子大害虫——锈色棕榈象及其近缘种的鉴别（鞘翅目：象虫科）. 中国森林病虫，22（2）：3-6.

张润志. 1997. 松茎象属一新种——萧氏松茎象. 林业科学，33（6）：541-545.

张新民. 2016. 木蠹象属 *Pissodes* Germar 系统学研究综述. 西部林业科学，45（2）：153-158，163.

赵连吉，李秀娥. 1999. 杨干象的生物学特性与防治. 森林病虫通讯，18（3）：25-26.

赵养昌，陈元清. 1980. 中国经济昆虫志 第二十册，鞘翅目：象虫科（一）. 北京：科学出版社：184＋图版 I-XIV.

祝增荣，商晗武，蒋明星，等. 2005. 稻水象甲. 见：万方浩，郑小波，郭建英. 重要农林外来入侵物种的生物学与控制. 北京：科学出版社：129-176.

Alauzet C. 1984. BioTcologie de *Pissodes notatus* (Coleoptera, Curculionidae). ThFse d'Etat. Toulouse, France: UniversitT Paul Sabatier.

Alonso-Zarazaga M A, Barrios H, Borovec R, et al. 2017. Cooperative Catalogue of Palaearctic Coleoptera Curculionoidea. Monografías electrónicas SEA, 8: 729.

Alonso-Zarazaga M A, Lyal C H C. 1999. A world catalogue of families and genera of Curculionoidea (Insecta: Coleoptera) (Excepting Scolytidae and Platypodidae). Barcelona: Entomopraxis SCP: 315.

Anderson R S. 1823. XVI. Molytinae Schoenherr. *In*: Arnett R H, Thomas M C, Skelley P E, et al. American Beetles, Volume 2: Polyphaga: Scarabaeoidea through Curculionoidea. Boca Raton: CRC Press LLC: 881.

Anderson R S. 2008. A Review of the Genus *Cryptorhynchus* Illiger 1807 in the United States and Canada (Curculionidae: Cryptorhynchinae). The Coleopterists Bulletin, 62(1): 168-180.

Biosecurity Australia. 2005. Final Extension of Policy for the Importation of Pears from the People's Republic of China. Biosecurity Australia, Canberra, Australia.

Blatchley W S, Leng C W. 1916. Rhynchophora or Weevils of North Eastern America. Indianapolis: The Nature Publishing Company: 1-682.

Brooks F E. 1924. The Cambium Curculio, *Conotrachelus anaglypticus* Say. Journal of Agricultural Research, 28(4): 378-386.

Colonnelli E. 2004. Catalogue of Ceutorhynchinae of the world, with a key to genera (Insecta：Coleoptera: Curculionidae). Barcelona: 124.

Corneil J A, Wilson L F. 1979. Life History of the Butternut Curculio, *Conotrachelus Juglandis* (Coleoptera: Curculionidae), in Michigan. The Great Lakes Entomologist, 12(1): 13-15.

EFSA PLH Panel (EFSA Panel on Plant Health), Jeger M, Bragard C, et al. 2018. Scientific Opinion on the pest categorisation of non-EU *Pissodes* spp. EFSA Journal, 16(6): 5300: 29. https://doi.org/10.2903/j.efsa.2018.5300.

EPPO Data Sheets on Quarantine Pests: *Listronotus bonariensis*, http://www.eppo.org/QUARANTINE/insects/Listronotus_bonariensis/HYROBO_ds.pdf (2006-3-7).

EPPO Data Sheets on Quarantine Pests: *Naupactus leucoloma*, http://www.eppo.org/QUARANTINE/insects/Naupactus_leucoloma/GRAGLE_ds.pdf (2006-3-20).

EPPO. *Scyphophorus acupunctatus* (Coleoptera: Curculionidae), Sisal weevil. 2002. http://www.eppo.org/QUARANTINE/Alert_List/insects/scypat.htm (2006-3-19).

Garrison R W. 2001. New Agricultural Pest for Southern California Eucalyptus Snout Beetle (*Gonipterus scutellatus*). LA County Agricultural Commissioner/Weights and Measures Department. http://acwm.co.la. ca.us/pdf/Eucalyptusweevileng_pdf.pdf (2006-3-20).

Gibson L P. 1965. Systematics of the Acorn-Infesting Weevils *Conotrachclus naso*, *C. carinifer*, and *C. posticatus* (Coleoptera: Curculionidae). Ann Entomol Soc Amer, 58(5): 703-712.

Grafton-Cardwell E E, Godfrey K E, Peña J E, et al. 2004. Diaprepes root Weevil. ANR publication 8131. University of California, Division of Agriculture and Natural Resources, http://www.cdfa.ca.gov/phpps/ pdfs/Diaprepes.pdf (2006-3-20).

Hix R L, Johnson D T, Bernhardt J L. 2000. Swimming behavior of an aquatic weevil, *Lissorhoptrus oryzophilus* (Coleoptera: Curculionidae). Florida Entomologist, 83(3): 316-324.

Hoffmann A. 1954. Faune de France: 59 Coléoptères Curculionides (Deucième Partie). Paris: 487-1208.

Horton D L, Ellis H C. 1999. Grape Curculio - *Craponius inaequalis* (Say). *In*: Roberts P M, Douce G K. Coordinators. Weevils and Borers. A County Agent's Guide to Insects Important to Agriculture in Georgia. Univ of GA, Col Ag Env Sci, Coop Ext Serv, Tifton, GA USA. Winter School Top Fifty Agricultural Insect Pests and Their Damage Sessions, Rock Eagle 4-H Ctr, Jan. 20, 1999.

INRA. 2004a. Chestnut weevil, *Curculio elephas* (Gyllenhal). Institut National de la Recherche Agronomique. http://www.inra.fr/hyppz/RAVAGEUR/6curele.htm (2006-3-19).

INRA. 2004b. Peach weevil, *Rhynchites bacchus* L. Institut National de la Recherche Agronomique. http:// www.inra.fr/hyppz/RAVAGEUR/6rhybac.htm (2006-3-19).

INRA. 2004c. Apple fruit weevil, Apple fruit Rhynchites, *Rhynchites aequatus* (L.). Institut National de la Recherche Agronomique. http://www.inra.fr/Internet/Produits/HYPPZ/RAVAGEUR/6coeaeq.htm (2006-3-19).

Kailidis D S. 1964. A review of forest insect problems in southeast Europe and the Eastern Mediterranean. *In*: FAO/IUFRO Symposium on Internationally Dangerous Forest Diseases and Insects, Oxford, 20-30 July, 1964. Meeting No. II/III. FAO/Forpest 64, 1-4.

Langor D W, Situ Y X, Zhang R. 1999. Two now species of *Pissodes* (Coleoptera: Curculionidae) from China. The Canadian Entomologist, 131: 593-603.

Mapondera T S, Burgess T, Matsuki M, et al. 2012. Identification and molecular phylogenetics of the cryptic species of the *Gonipterus scutellatus* complex (Coleoptera: Curculionidae: Gonipterini). Australian Journal of Entomology, 51: 175-188.

May B M. 1998. Fuller's Rose Weevil Life Cycle. The Horticulture and Food Research Institute of New Zealand. http://www.hortnet.co.nz/publications/hortfacts/hf401030.htm (2006-3-20).

Morimoto K. 1978. On the Genera of Oriental Cryptorhynchinae (Coleoptera: Curculionidae). Esakia, (11): 121-143.

Morrone J J. 2013. The subtribes and genera of the tribe Listroderini (Coleoptera, Curculionidae, Cyclominae): Phylogenetic analysis with systematic and biogeographical accounts. ZooKeys, 273: 15-71. doi: 10.3897/zookeys.273.4116.

Nord J C. 1984. Pales Weevil. Forest Insect & Disease Leaflet 104, USDA Forest Service. http://www.na.fs.

fed.us/spfo/pubs/fidls/pales/fidl-pales.htm (2006-3-20).

O'Brien C W, Wibmer G J. 1982. Annotated checklist of the weevils (Curculionidae sensu lato) of North America, Central America, and the West Indies (Coleoptera: Curculionidae). Memoir No. 34, 382pp, American Entomological Institute, Ann Arbor, Michigan.

O'Brien C W, Couturier G. 1995. Two new agricultural pest species of *Conotrachelus* (Coleoptera: Curculionidae: Molytinae) in South America. Annales de la Société Entomologique de France, 31(3): 227-235.

O'Brien C W, Pakaluk J. 1998. Two new species of *Acythopeus* Pascoe (Coleoptera: Curculionidae: Baridinae) from *Coccinia grandis* (L.) Voigt (Cucurbitaceae) in Kenya. Proceedings of the Entomological Society of Washington, 100: 764-774.

O'Brien C W. 1981. The Larger (4.5⁺mm) *Listronotus* of America, North of Mexico (Cylindrorhininae, Curculionidae, Coleoptera). Transactions of the American Entomological Society, 107(1/2): 69-123.

Oberprieler R O, Marvaldi A E, Anderson R S. 2007. Weevils, weevils, weevils everywhere. Zootaxa, 1668: 491-520.

Pullen K R, Jenning D, Oberprieler R G. 2014. Annotated catalogue of Australian weevils (Coleoptera: Curculionoidea). Zootaxa, 3896 (1): 1-481.

Ressouches A P. 1969. Premières observations sur le développement embryonnaire de *Pissodes notatus* F. (Col. Curculionidae). Compte Rendu Hebdomadaire des Séances de l'Académie des Sciences, Série D, 269: 191-194.

Rivnay E, Yathom S. 1960. The life history of the melon weevil *Baris granulipennis* Tour. in Israel. Bulletin of Entomological Research, 51(1): 115-122.

Schoof H F. 1942. The genus *Conotrachelus* Dejean (Coleoptera Curculionidae) in the North Central United States. Illinois Biol Monogr, 19(3): 1-170.

The Ministry of Agriculture and Lands, British Columbia. 2004. Apple Curculio (*Anthonomus quadrigibbus*) http://www.agf.gov.bc.ca/cropprot/tfipm/applecurculio.htm (2006-3-20).

Thomas M C. 2010. Giant palm weevils of the genus *Rhynchophorus* (Coleoptera: Curculionidae) and their threat to Florida palms. Pest Alert. Florida Department of Agriculture and Consumer Services.

Thompson R T. 1973. Preliminary studies on the taxonomy and distribution of the melon weevil, *Acythopeus curvirostris* (Boheman) (including *Baris granulipennis* (Tournier)) (Coleoptera, Curculionidae). Bulletin of Entomological Research, 63: 31-48.

Wattanapongsiri A. 1966. A revision of the genera *Rhynchophorus* and *Dynamis* (Coleoptera: Curculionidae). Department of Agriculture Science Bulletin, Bangkok, 1(1): 1-328.

Weissling T J, Peña J E, Giblin-Davis R M, et al. 2016. Diaprepes Root Weevil, *Diaprepes abbreviatus* (Linnaeus) (Insecta: Coleoptera: Curculionidae). EENY-024, UF/IFAS Extension: 1-5.

Zhang R, Li Z. 1997. On the new pine insect, *Hylobitelus xiaoi* Zhang, in Jiangxi province, China, Resource Technology, Beijing International Symposium: 44.

物种学名索引

物种中名索引

寄主学名索引

寄主中名索引